纺织服装高等教育"十四五"部委级规划教材

U0163336

女装结构设计与纸样
——衬衫、连衣裙

章永红　编著

东华大学出版社

·上海·

图书在版编目（CIP）数据

女装结构设计与纸样：衬衫、连衣裙 / 章永红编著．
—上海：东华大学出版社，2019.9
ISBN 978-7-5669-1170-4

Ⅰ．①女… Ⅱ．①章… Ⅲ．①女服—结构设计—基
本知识 Ⅳ．①TS941.717

中国版本图书馆CIP数据核字（2016）第303734号

责任编辑　冀宏丽　吴川灵
封面设计　Callen

女装结构设计与纸样——衬衫、连衣裙
NVZHUANG JIEGOU SHEJI YU ZHIYANG——CHENSHAN、LIANYIQUN

章永红　编著

出　　版：东华大学出版社（上海市延安西路1882号，200051）
网　　址：http://www.dhupress.net
天猫旗舰店：http://dhdx.tmall.com
营销中心：021-62193056　62373056　62379558
印　　刷：上海颛辉印刷厂有限公司
开　　本：787 mm×1092 mm　1/16　印张：9.75
字　　数：252千字
版　　次：2023年3月第1版
印　　次：2023年3月第1次印刷
书　　号：ISBN 978-7-5669-1170-4
定　　价：48.00元

目 录

目 录

衬衫篇

［提　　要］

　　本篇从衬衫的基本知识入手，详细讲解女衬衫常用的领型、袖型、衣身结构、门襟下摆等部位的变化设计；并以一款基本型女衬衫为实例，详细图解了这款女衬衫从最初的款式设计、样板设计、面料选用、裁剪排料到最后的缝制工艺，即一件女衬衫从图纸成为成衣的完整流程；最后选择几款在局部的结构设计上有一定代表意义的女衬衫，分别讲解其结构特点，并提供了其样板设计方法作为参考。

　　通过本篇的讲解与学习，希望读者理解女衬衫结构设计的基本原理，以及款式变化，掌握女衬衫结构变化的设计要点，并在实践的基础上掌握各种女衬衫的结构设计方法。

［学习重点］

　　1. 女衬衫的概念以及用料选择

　　2. 女衬衫基本款的结构设计以及缝制工艺

　　3. 女衬衫款式的变化及其结构设计

第一章　女衬衫的基础知识

一、女衬衫的概念

女衬衫又称罩衫，英文中用"blouse"特指女式衬衫，以区别于男式衬衫的"shirt"，可见男女衬衫是有很大的不同的。一提到男衬衫，一般人脑海里马上就会呈现出有男式衬衫领、肩部覆势、袖克夫等结构特征的服装。男式衬衫有着几乎是一成不变的款式、结构和工艺，所指非常明确。而女衬衫则有很大的不同，尤其是近几年随着服装流行元素地不断变化、新材料和新工艺地不断涌现，使得女衬衫的款式、结构、轮廓、用料等丰富多变，其应用的范围也更加广泛，并与套装上衣没有很明确的区分度。事实上，用一个确切的概念来表述女衬衫较为困难，因此简单理解其是指用轻薄、柔软的面料制作的，制作采用单层工艺的，长度从肩颈部到中腰线或臀围上下的上衣。

二、女衬衫的分类

女衬衫依据穿着的效果来分，大体上可以分为内束式和外穿式两种。

内束式衬衫是指穿着时将衬衫的下摆束进裙子或裤子里的衬衫（图1-1）。一般内束式衬衫按穿着季节和目的不同可以独立地穿着，也可以与外套等组合搭配。由于这类衬衫腰节以下被束缚，弯腰、举手等活动都可能牵引出下摆，因而设计时要考虑有足够的松量和长度。另外，此类衬衫由于要扎进下装中穿着，为使着装者的腰部、腹部、臀部不显得臃肿，应避免使用较厚的面料，而宜采用轻薄的、悬垂性优良的面料来制作。如果衬衫和裙子都选用同样的材料，则可以穿出连衣裙的效果，其腰身的收紧更能显现出女性的优美身段。

外穿式女衬衫是指将衬衫下摆露在裙子或裤子外面穿用的衬衫（图1-2）。这类衬衫作为外穿服装时，一般要与裙子或裤子等下装相配合，构成一套服装，且款式设计不同与不同下装的搭配会有许多的变化。此外，衬衫的胸围放松量可以贴身合体，也可以肥大宽松，还可以有类似套装的结构特征；其衣身的长短上可以在腰围和臀围之间、或是臀围以下自

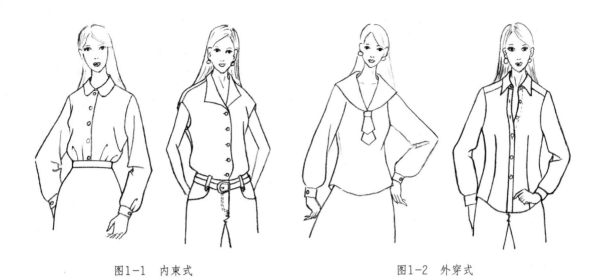

图1-1　内束式　　　　　　　　　　　　　　图1-2　外穿式

由选择。不同长度的上装和下装配合决定了上下衣身的比例变化，体现出不同的着装风格，既可显现活泼轻快，也可表现稳重大方。有的外穿式女衬衫还在下摆处设计了形似腰带的育克造型，且为短款，能产生活泼而年轻的感觉。

　　当然，女衬衫还可以根据款式的不同、用途的不同，以及面料选择的不同而有其他很多种不同的分类方式。

三、女衬衫面料的选择

　　首先天然纤维织造的面料是女衬衫的主要面料。不论作为内穿还是外衣化，女衬衫一般都是与人体皮肤直接接触，最易受到人体排泄物的污染。另外，人体与外界环境之间的热湿交换通过衬衫传递形成服装与人体之间的微气候，因而面料的服用性能是选择面料时的重要考量。由于天然纤维织造的面料，如棉、麻和丝绸织物穿着舒适性好，面料的透气性和吸湿性都不是化纤面料可以比拟的，且其手感柔软，深受广大消费者的喜爱。棉、麻、丝绸这三种天然纤维材料除了以上所述的舒适性好的共同特点之外，它们各自还有各自的特点，这也会影响到面料的选择。比如，丝绸面料外观形态飘逸、悬垂性优良并且面料表面光泽感强，给人以高贵优雅的感受，一向都被人们视为高档的服装用料；麻织物的外观相对硬挺，风格粗狂而独特，其凉爽透气性最佳，使得它在夏季女衬衫用料中占有一席之地；棉织物柔软，亲肤，产量高，价格经济实惠，在女衬衫用料中占有最大份额。

　　其次，合成纤维织造的化纤面料也是女衬衫的常用面料之一。棉、麻和丝绸虽然是女式衬衫的主要选用面料，但是这三种材料在服用性能上也有一些缺陷，主要是表现在容易起皱，不挺括，尤其是洗涤之后需要熨烫处理，否则穿用时的外观感受大打折扣；除此之外天然纤维织造的面料色牢度较差，表现为染色后色彩不够艳丽，且容易褪色，穿洗一段时间后易显得陈旧，丝绸面料尤其明显。以合成纤维为原料织造的化纤面料刚好弥补了天然纤维的缺点，即这些面料具有强度高、色牢度高、不易起皱、外形挺括易打理等优点，当然其也存在透气性和吸湿性差，容易产生静电等穿着不舒服等缺点。但化纤面料用作衬衫材料也不在少数，特别在凉爽的天气下穿用，这类化纤面料制作的衬衫就可以扬长避短，使衬衫穿用既舒适又笔挺有型。

最后，天然纤维和合成纤维混纺而成的织物是衬衫面料的理想选择。如前文所述，天然纤维和合成纤维各有千秋，因此，天然纤维和合成纤维混纺的面料就能取长补短，在实际应用中可以根据不同的需求，采用不同的混纺比例来控制所需面料的特性。

总之，衬衫面料的选用要根据穿着的目的、季节和穿着的状态等不同来有针对性的选用，不能一概而论。

第二章　女衬衫款式设计的变化

服装整体由各个局部组合而成，而各个局部的变化，以及局部变化之间的组合构成了女装的千变万化，款式繁多。女衬衫也有着非常丰富的设计变化，这些变化主要体现在众多的局部变化上。例如，轮廓的变化、领子的变化、袖子的变化、门襟的变化，以及下摆的变化等。

一、女衬衫常用领型的设计

关门领和开门领两大领型都被大量地运用在女衬衫的领子设计中。其中，关门领在女衬衫中的应用更为广泛，开门领则更多地应用在套装类的上装中。除此之外，女衬衫也常常设计一些无法归类的花式领型。

1. 关门领

关门领主要有平领、翻领、立领和男式衬衫领，这几种领型是衬衫款式中使用频率最高的领型（图2-1）。

2. 开门领

开门领虽然不常见于女衬衫中，但是图2-2中所示这几款领子设计的还是很适合应用在女式衬衫中，特点是领子开口较高，领子的领座相对较低，与最常规的开门领中的西装领在设计风格上有着很大的区别。在这几款开门领中海军领是学生装中衬衫类最常见的领型。

3. 花样领

各种设计风格的花样领在女衬衫中大有用武之地，图2-3中所列只是其中的一小部分，仔细观察，它们都经常出现在强调女性温柔特质的女衬衫设计中。

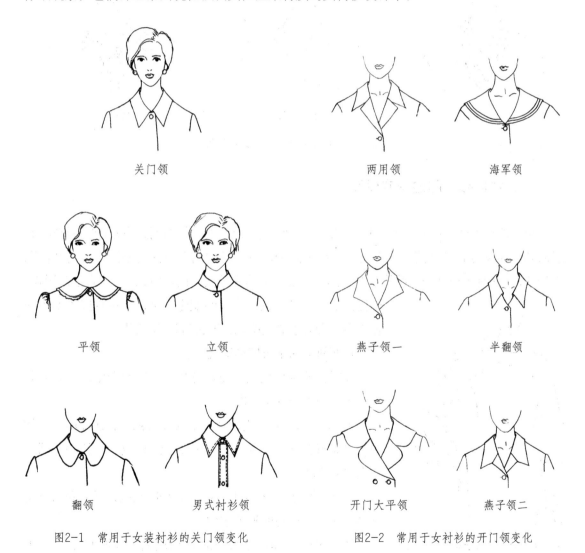

关门领　　　　　　　　　　　两用领　　　　　　　　　海军领

平领　　　　　　　立领　　　　　　　燕子领一　　　　　　半翻领

翻领　　　　　男式衬衫领　　　　　开门大平领　　　　　燕子领二

图2-1　常用于女装衬衫的关门领变化　　　　图2-2　常用于女衬衫的开门领变化

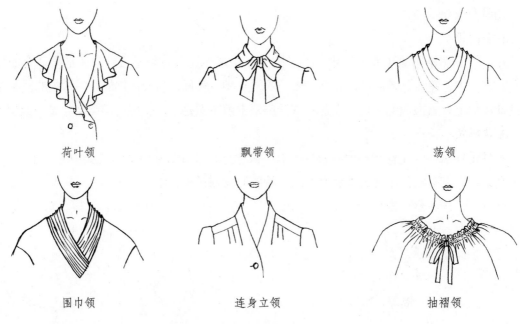

| 荷叶领 | 飘带领 | 荡领 |
| 围巾领 | 连身立领 | 抽褶领 |

图2-3 常用于女衬衫的各式花样领

二、女衬衫常用袖型的设计

女衬衫袖子种类也很繁多，其变化比套装要更多更复杂。首先衬衫可以用于四季穿用，所以袖子的长度有最大范围的变化；其次还因袖片与衣身的结合方式的不同，分为装袖和连身袖，这两种不同袖子的结构也都常运用在女衬衫的袖子款式设计中；最后还有袖口形式、袖克夫形式、袖开衩形式等的变化。袖口和袖克夫的变化一般都会结合袖子的结构和长度进行适当搭配。

1. 女衬衫袖子长度的变化

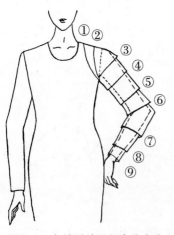

图2-4 女衬衫袖子长度的变化

女衬衫的袖型变化首先就是袖子长度的变化，图2-4展示出了各类不同袖子长度。

① 无肩袖：简单概括就是不仅没有袖子，还裸露出人体肩部的袖窿造型，给人以优雅感，常用在连衣裙等晚礼服，在女衬衫中较少见。

② 无袖：只有衣身没有袖片的袖窿结构，是夏季衬衫设计中常常喜欢运用的袖子结构。

③ 盖袖：只是在胳膊的袖山头部位覆盖的袖子，在腋下

是无袖结构的袖子造型。

④ 短袖 A：袖子的长度较短，一般可以选择袖长在 20cm 以内的袖子。

⑤ 短袖 B：袖子的长度较 A 款加长，袖长可以选择为 20~28cm。

⑥ 五分袖：袖口位置在胳膊的肘部，大约在袖长 30cm，如果不是特殊要求，一般应避免袖口在肘部，因为袖口在这个位置，不仅不便于手臂的运动，而且从视觉效果来考虑，此处比例分割并不美观。

⑦ 七分袖：袖子的长度在全袖的 70% 左右，即袖口在胳膊的前臂部位。

⑧ 九分袖：袖口在手臂的腕关节以上，袖长为 45~50cm。

⑨ 长袖：袖子长度在手腕附近或超过手腕，是长袖衬衫的袖长依据，一般可取 56~60cm。

2. 女衬衫的装袖变化

女衬衫的装袖款式变化最多，也是应用范围最广泛的袖型设计。图 2-5~ 图 2-7 中的绝大多数都可以在日常的女衬衫中见到。

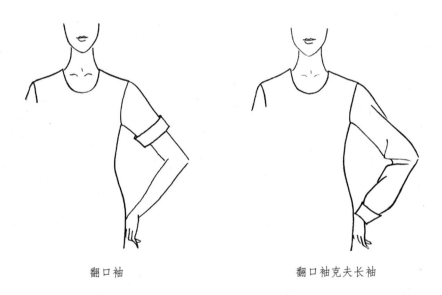

翻口袖　　　　　　　　　　　　翻口袖克夫长袖

图2-5　常用于女衬衫的装袖变化1

3. 女衬衫的连身袖变化

连身袖是袖子结构的一个大类，根据袖子与衣身连接部位的形态不同又有很多不同的命名，这种袖型在女衬衫、连衣裙以及大衣中都是常用的图 2-8。连身袖在女装中的应用较大地受限制于时尚的流行趋势，相对没有装袖类那么持久而经典不衰。

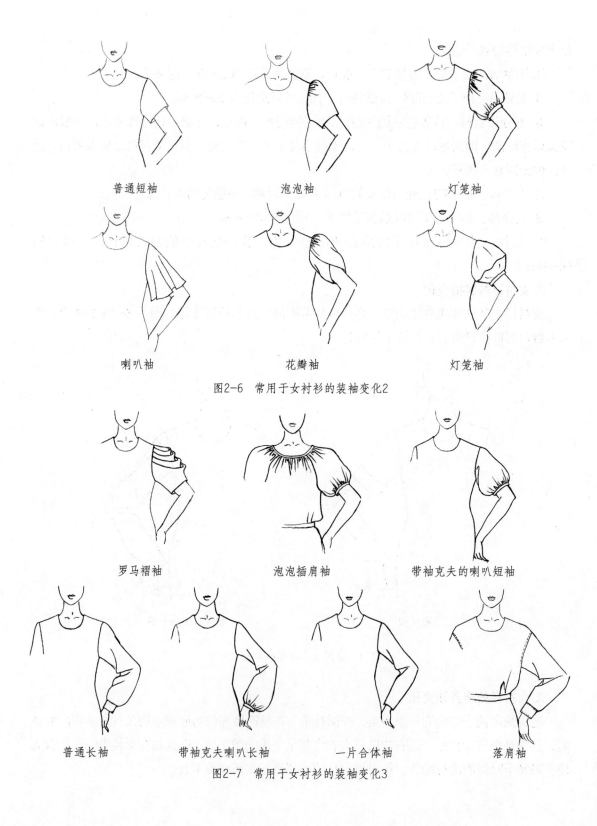

普通短袖   泡泡袖   灯笼袖

喇叭袖   花瓣袖   灯笼袖

图2-6 常用于女衬衫的装袖变化2

罗马褶袖   泡泡插肩袖   带袖克夫的喇叭短袖

普通长袖   带袖克夫喇叭长袖   一片合体袖   落肩袖

图2-7 常用于女衬衫的装袖变化3

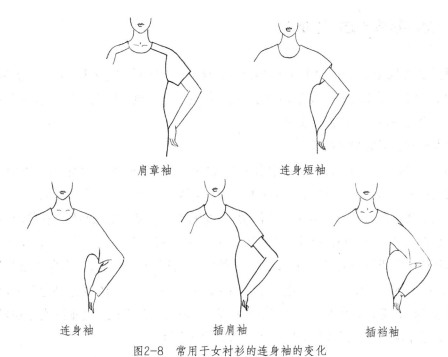

肩章袖　　　　　　　　　连身短袖

连身袖　　　　　　　插肩袖　　　　　　　插裆袖

图2-8　常用于女衬衫的连身袖的变化

三、女衬衫门襟和下摆的变化

女衬衫的门襟变化主要有普通门襟、翻门襟、暗门襟和纽襻门襟；下摆的变化主要有平下摆、圆下摆、开衩下摆和圆开衩下摆。为了图示的方便，特意将女衬衫的门襟和下摆变化融合在一个款式图中示意说明，具体见图2-9。

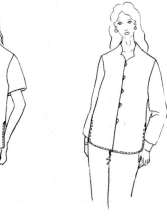

普通门襟+平下摆　　　翻门襟+圆下摆　　　　暗门襟+开衩下摆　　　纽袢门襟+圆开衩下摆

图2-9　常用于女衬衫的门襟和下摆的变化

四、女衬衫基本结构的变化

女衬衫根据胸围放松量的不同可以划分为紧身型、合体型和宽松型三种基本类型。各种基本结构组合缝制形成的女衬衫有不同的轮廓，传达不同的风格特征，衣身与其相对应袖片的结构设计也有一定的规律需要遵循。

1. 紧身型女衬衫的结构特征

图 2-10、图 2-11 为两种在衬衫中常用的衣身结构。图 2-10 是大身由前片和后片两片结合而成的衣身结构，图 2-11 是大身由前片、后片以及育克三片组合而成的款式。无论哪种结构形式，既然是紧身型，那就需要塑造出紧身的轮廓造型，所以两种结构的胸围放松量都在原型基础上减小 2~4cm，肩部也可以再合体一些，即肩宽减小、肩斜加大。除此之外配合必要的省道是完成紧身造型的前提，以上两种结构图均设计了后腰省、前腰省以及腋下省，肩胛省。同时，为了与紧身的衣身造型相互匹配，紧身型女衬衫的袖子造型也采用较高的袖山高以及较小的袖肥，袖山高个计算公式可以采用 AH/3，当然还需要根据实际袖肥的情况加以调整，但不能过小，以免影响人体手臂活动的便利性。

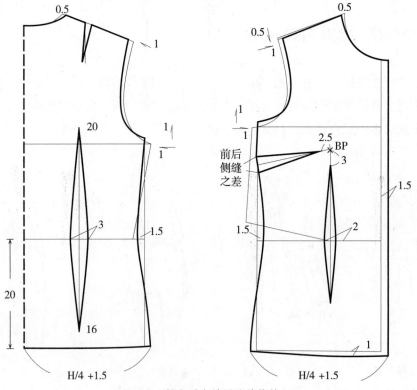

图2-10　紧身型女衬衫的结构特征1

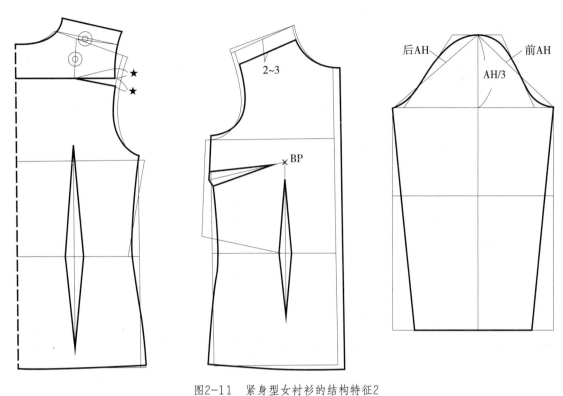

图2-11　紧身型女衬衫的结构特征2

2. 合体型女衬衫的结构特征

合体型女衬衫的衣身、袖子结构与原型结构是最接近的。胸围放松量、肩部，以及袖窿结构都可以基本采用原型的结构，不需要做什么变化。合体造型的衣身需要特别关注的是前胸省的设计。合体型的胸省一般是需要保留的，但其省量可以适当减小约2cm。原型前片的胸省量是3.5cm，那么这个款式是2cm，两者之间的差值是1.5cm，前衣片的袖窿底点多下降0.5cm，前片腰节的对位上移了1cm，这样可以保证前后侧缝线的长度仍然相等，前后衣片得到平衡（图2-12）。至于衣身上的前后腰省可以根据设计取舍如果需要设计肩胛省、前、后腰省则参考图片中的虚线部分，无论有无这些省道都能完成合体的轮廓造型。与合体的衣身轮廓相匹配的袖子，其袖山高和袖肥也处于中间的一般状态，可以按公式 AH/4+2.5cm 计算获得。

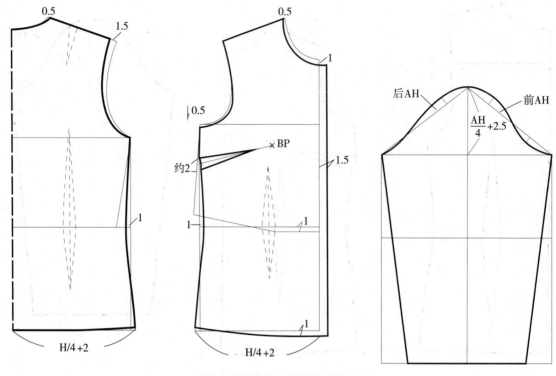

图2-12　合体型女衬衫的结构特征

3. 宽松型女衬衫的结构特征

宽松女衬衫的结构比较简单，主要的变化是胸围、肩部放松量都增加，去掉省道，整体轮廓呈现宽松的 H 型轮廓特征。在宽松服装的结构设计中，一般规律是后片加放的放松量应大于前片。如图 2-13 所示，后侧缝放出 3cm，前侧缝放出 2cm；同样在肩部也是后肩上抬 1cm，而前肩上抬 0.5cm；前肩宽增加 2cm 形成落肩结构，却于后肩的肩胛省消失，使后肩长度与前肩相等；衣身上不做胸省腰省的设计，采用原型的前胸省量在侧缝线的消除办法，即与前面所讲的合体型类似，前袖窿底点下降比后片多 1~2cm，其余的量在前下摆起翘。袖片为了与宽松的落肩结构相匹配，其袖山高需要降低，可以按照公式 AH/4~AH/6 计算获得。袖山降低了就可以得到相对较大的袖肥，以得到与衣身宽松效果搭配统一的宽松袖片。宽松款式中，服装不同部位的吃势已不再需要，所以用以截取袖肥的前后袖山斜线前 AH 与后 AH 都适当的减去 0.5cm，具体的数字可以根据实际的袖窿长度加以调整，以满足绱袖子时袖山与袖窿长度相等的零吃势要求。

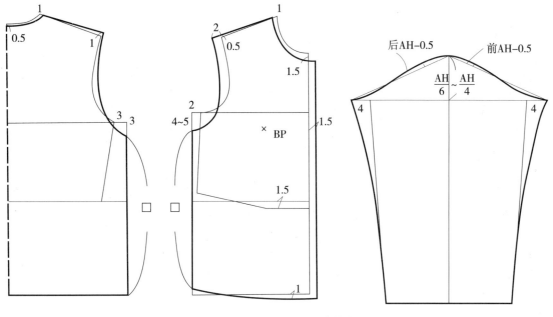

图2-13 宽松型女衬衫的结构特征

第三章 女衬衫基本款的结构设计及缝制工艺

　　女衬衫的基本款是最基础造型，可以作为设计各种不同款式女衬衫样板的基础。女衬衫的款式变化是丰富多变的，但万变不离其宗。要进行款式变化，首先必须掌握最基本女衬衫的样板设计及缝制工艺。本章节就以一最为常见的女衬衫款式来举例解读款式特征、分析衬衫结构设计、缝制流程，直至完成成品。作为基本款，了解并掌握其结构要点和缝纫工艺对之后各种不同款式女衬衫的变化设计都是至关重要的。

一、款式设计

　　图3-1所示的女衬衫在日常生活中较常见的经典款式。本款女衬衫属于合体型轮廓：前衣片设计一个腋下省以适合女性胸部突出的体型特征；前后腰节位置各设计前后腰省，完

正面　　　　　　　　后面

图3-1　女衬衫基本款式

成收腰合体的轮廓要求；后片肩线处设有一个肩胛省，以适合人体肩部前凹后凸的结构特征；领子为女衬衫中常用的翻领，有一定的领座高度；袖子为长袖，袖口设计一小开衩和袖克夫以方便服装的穿脱；服装的衣长在臀围线附近，为平下摆；门襟是最常见的门襟形式。这款女衬衫无论从放松量的设计还是服装局部结构的特点把握上都是标准的、基本的女衬衫款式，可以与裙子、裤子等下装组合作为内束式衬衫的经典代表。

本款式面料宜选用轻薄、柔软的天然纤维织物，如棉织物中的细平布，丝绸织物中的素绉缎、双绉等，当然也可以选用一些与这些天然纤维的外观风格相类似的化纤仿丝织物。

二、规格设计

规格设计是着手服装样板设计的第一步，是后面结构设计的基础，进行正确合理的规格设计非常重要，这直接决定了产品的适用性。影响服装规格的确定有很多因素，本教材都以适用范围最广的中号产品为例，其规格尺寸采用国标 GB/T1335.2—2008 中号型 M160/84A 所规定的人体尺寸为依据来进行服装的规格设计（表 3-1）。当然，除了适穿对象这个决定服装规格设计的最关键因素之外，服装的款式风格对规格设计的影响也很大，同一个适穿对象紧身、合体、宽松等服装款式或者风格的不同对服装规格的设计也有很大的影响。另外服装的穿着面料的厚薄、材料的性能，以及服装的加工工艺等都会对服装成品的规格产生一定的影响，这些因素也需要提前加以考虑。

表3-1　女衬衫基本款的规格设计　　　　　　（单位：cm）

序号	部位名称	部位代号	人体尺寸（160/84A）	加放松量	纸样尺寸（160/84A）	测量方法
1	后中长	L			59	后中心线测量
2	肩宽	S	39		39	左右肩点水平测量
3	胸围	B	84	10	94	袖窿底点测量
4	腰围	W	68	12	80	腰节线水平测量
5	臀围	H	90	6	96	腰节下20cm水平测量
6	下摆					衣身最底边水平测量
7	袖长	SL	50.5	8.5	59	袖中线测量
8	袖山高					
9	袖克夫大				20.5	
10	袖克夫宽				5	

三、结构设计

1. 衣身（图3-2）

① 胸围放松量：此款衬衫为衬衫的基本型，各部位的设计与原型结构一致。胸围的放松量为10cm，完全采用原型的松量，这样的松量属于合体造型时胸围松量选择范围。

② 后中长：衬衫下摆设计在臀围线附近，在原型的腰节线以下21cm处，加上原型背长的38cm，就达到了规格设计中的59cm。前衣片下摆的位置与后衣片水平。

③ 前胸省：胸省是为使女装在前胸部的突出部位能够合体而设计的，原型中胸省的最大使用量为3.5cm左右。本款的女衬衫合体度适中，没有达到紧身的程度，因此使用胸省的量为2.5cm，省道位置在袖窿底点以下6.5cm处，省尖距BP点3cm。款式胸省量与最大胸省使用量的差值1cm作为前衣片下摆的起翘量，故前侧缝的腰线对位刀眼上移1cm再与后片的腰线对合。

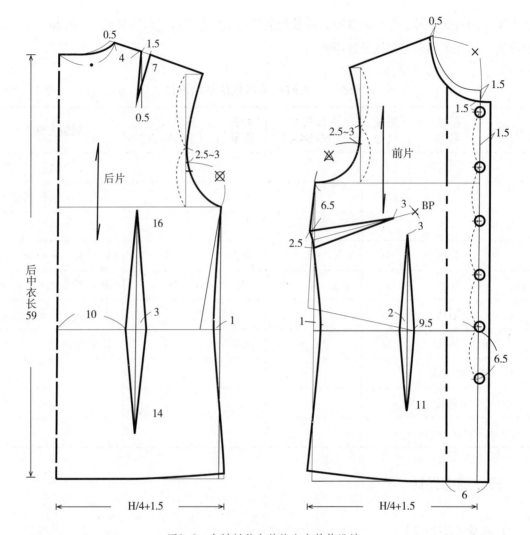

图3-2　女衬衫基本款的衣身结构设计

④ 前后腰省：服装在腰部收紧以匹配女性凹凸有致的体型特征，这也是合体型女装常采用的造型手段。收腰可以采用省道的形式，也可以是分割线等其他平面到立体的余量处理方法。本款衬衫是采用在前后衣片做腰省的形式，这是在衬衫、连衣裙等轻薄型面料制作的服装中最为常见的收腰方式。根据女体躯干部位前后的细部特征，后腰省的收腰量略大于前腰省能更好地吻合女性的腰部结构特征。本款式图的省道叫做菱形省，省量最大位置恰好在腰节线上，腰线往上和往下的省道长度可根据人体体型和省量的大小来确定。这里后腰省3cm，位置距后中线10cm，省道长度在腰节以上为16cm，腰节以下是14cm。前腰省省量大2cm，位置距前中线9.5cm，省尖位置在BP点下方3cm，腰节以下的省道长度为11cm。

⑤ 前后侧缝线：由于本款衬衫的下摆在人体臀围线附近，而人体的臀围本身就是一个最大围度的区域，为了简化完全可以用臀围辅助线来控制下摆尺寸。前后衣片的下摆都按照公式"H/4+1.5cm"来确定，腰节线处的侧缝位置则根据腰围的样板尺寸来控制，左右侧都收腰1cm左右。需要注意的是前面已经将前侧缝的腰节线上抬了1cm，如此才能与后侧缝线平衡。前侧缝的腋下省使前侧缝的绘制有一定的难度，要根据服装成品中腋下省的折倒方向折叠纸样，然后修顺前侧缝线。

⑥ 前后肩线：前后肩线除了侧颈点开大0.5cm之外，与原型保持一致，后肩线保留1.5cm的后肩胛省，多余的0.3cm作为前肩线的吃势。但有的款式没有设计肩胛省，那么后肩省1.5cm的量需直接在后肩线的长度中减去，使前后肩线能够缝合，可以保留吃势量。

⑦ 前后袖窿弧线：本款式的胸围没做变化，维持了原型的情况，那么本款女衬衫的前后袖窿也不做修改。

⑧ 前后领口线：原型的领口线是通过人体的前颈点、侧颈点和后颈点的一条圆顺的弧线，这条弧线可以作为样板设计过程中判断所的服装领口线形状的依据。本款衬衫为装有一定领座量的翻领，应该在原型领口弧线的基础上做适当的开大处理，侧颈点开大0.5cm，前颈点降低1.5cm。

⑨ 搭门：搭门的大小取决于纽扣的大小，纽扣的直径越大，服装的搭门也越大。衬衫类服装常用轻薄面料制作，所用纽扣直径一般在1~1.3cm，所以搭门也长取1.2~1.5cm，本款设计搭门为1.5cm。

⑩ 扣眼位：扣眼的位置可以首先确定最上面一颗和最下面一颗的位置，中间的位置根据所设计纽扣的数量N，然后以"N-1"等分即可。本款衬衫的第一颗纽位距前领口线1.5cm，最下面一颗在腰节线以下6.5cm，本设计共6颗纽扣，则将这两颗扣位之间的距离进行5等分，每个等分点即是扣位。

⑪ 贴边：门襟不同，其贴边形式也会有所不同，本款式是普通门襟形式，贴边比较简单，以门襟止口线作为对称线，直接反折至反面，即距门襟止口线6cm画一条平行线。有的衬衫贴边会从肩部开始，显然这种贴边相对耗费的材料会多一些，在相对较高档女衬衫的样板设计中应用较多。

⑫ 丝缕：不论上衣还是下装在没有特别要求的情形下，大身裁剪时都是按照经纱方向为服装的长度方向来排料裁剪。

2.袖片（图3-3）

① 袖山高：袖山高的选择依据服装的风格，一般来讲合体度高的服装其袖山高尺寸也会较大，反之宽松的服装其袖山高会选择较低。在本款女衬衫的设计中，袖山高可以按照公

式 AH/4+2.5cm 来计算确定，当然这不是一成不变的，也可以根据服装的风格和面料的不同来略微调整使其略高或略低。

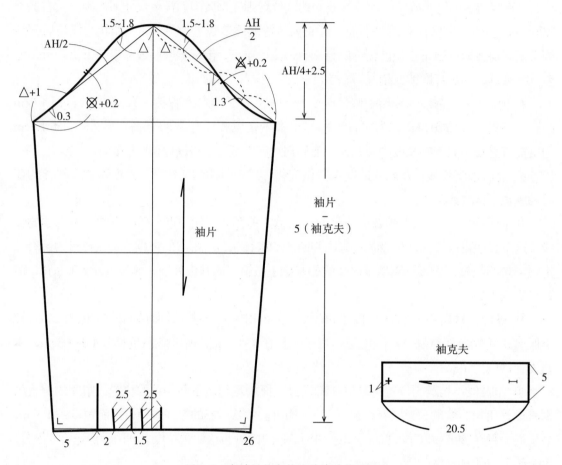

图3-3　女衬衫基本款的袖片结构设计

② 袖肥：在袖山高已经确定的情况下，前后袖肥按照 AH/2 的长度在袖肥辅助线上截取，以此来决定袖片的袖肥，由此制图步骤可知袖肥和袖山不能同时预先确定。在袖窿弧线长 AH、袖山高以及袖肥这三者之间的关系中，只能预先确定其中之二。为了使袖子的袖山能与衣身的袖窿完美匹配，在设计袖子的袖山线长度总是以 AH 的长度来截取，先定袖山高，袖肥自然有了；反之，先确定袖肥，然后在根据袖肥来决定袖山高，其本质是一样的。总之，袖山高和袖肥反此，袖山高值越大袖肥值就越小；反之袖山高越低袖肥就越大。

③ 袖山曲线：根据前面的袖山高以及截取的袖肥绘制出圆顺的袖山曲线，前袖山曲线相对后袖山曲线凹凸变化大一些。袖山曲线与袖窿弧线的长度差值就是缝制袖子的吃势，这

个吃势对形成一个自然的袖山头至关重要。吃势的大小也要根据服装的面料、设计的风格等多种因素来综合考虑，本款可以控制在 1~2cm，虽然理论上都可以通过调整袖山高的高低或者是袖肥的大小来控制，但是实际操作中通过调整袖肥比较便利。

④ 袖长：袖长是包含袖克夫，宽度的袖身长度就应该减去袖克夫宽度。有袖克夫的衬衫袖可以考虑加长一些，原因一是即使过长也不会影响手掌的活动，二是袖克夫的大小是根据腕围来定的，一般较小，如果袖长不够长就会阻碍手臂抬举等动作了。

⑤ 袖口：袖口的大小设计与袖克夫的宽度、袖口褶量，以及袖开衩的形式都有关系。本款衬衫的袖口开衩是小开衩，则开衩工艺决定了门襟部位的开衩需要折叠到反面，因此袖口大小定为 26cm（袖克夫大 20.5cm+ 活褶 2.5cm×2+ 开衩折叠量 0.5cm）。

⑥ 丝缕：袖片的长度方向取面料的经纱方向，袖克夫的取料方向与大身相反，以袖克夫的长度方向取经纱方向，俗称袖克夫取直丝。

3. 领子

本款衬衫的领子为典型的翻领结构，可以采用翻领的样板设计方法。有关翻领的样板设计原理、规律和方法在本系列丛书中的基础篇已经有专门涉及，这里不再赘述。图 3-4 所示的尺寸和形态只是用于解读本款式中的领子。

① 直上尺寸：直上尺寸是翻领样板设计中的关键因素，其大小的选择取决于翻领领座的高低，领座高取值可小一些；反之领座低的可以取值大一些，但也需要结合面料因素考虑。本款翻领是比较在衬衫中常见的，面料厚度适中，选择 4cm 作为直上尺寸，在领子缝制完成后大约能形成 3cm 的领座和 4.5cm 的领面。

② 领里：图 3-4 的样板可以看到领里图，在一些不是很考究的服装中，领面也可以选择与领里一样的样板和丝缕，即领里和领面都取横丝。但领里取正斜丝，领面取横丝缝制出的领子更服帖、翻折更顺畅、外观更活泼美观。当然领里取斜丝会使面料的利用率降低，成本上升，为了节约面料以及得到领子左右侧丝缕完全对称的领里，可以在领子的后中线处断开，将左右领分别裁片后再盖新缝合。

③ 领面：服装领面的样板一般要比领里样板稍大一些，目的是提供领子止口处里外匀所需的松量。所谓里外匀就是指领子制作完成之后，领面的四周要比领里大一些，当领子下翻时，领面能够完全盖住领里。领面比领里略大不是简单地在四周加大，而需要根据领子成型后的翻折关系，以及领底口线要减小而领外口线要加大的原则来处理。如图 3-4 所示，过领子的侧颈点做一条剪切线，此剪切线与翻折线的交点可以保留不要剪断，然后以这个点作为样板的旋转点，在领的外口线处拉开约 0.3cm 的松量，外口线拉开，这时在领底口线处就自然会重叠掉一部分量，其大小取决于外口线拉开量，会略小于 0.3cm。除了对领面长度

方向的处理之外，还需要在领外口线和领角处都放出 0.3cm 的松量，然后修顺整个领子样板，及时剪切处理后的领面裁片，丝缕取横丝。

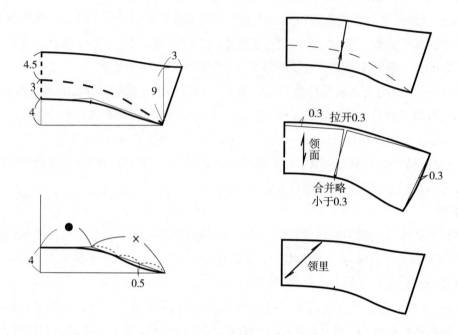

图3-4　女衬衫基本款的领子结构设计

四、样板对位记号的确定

服装样板中的对位记号，俗称刀眼，是服装在缝纫过程中裁片间相互匹配的重要依据，其保证缝制工艺能够得以顺利进行，也是缝制工艺考究服装必不可少的条件。

虽然为了不影响服装成品的外观，刀眼的位置只能打在缝份上，但是，毛样板缝份上刀眼的位置在应该依据净样板确定，有的刀眼是需要在绘制样板的时候就确定，如袖子与袖窿的对位刀眼。为了避免绱袖时的错误，前后袖窿弧线上各取前后刀眼，前对位点使用一个刀眼，后对位点使用间隔 1cm 的两个刀眼表示，与此相对应的袖片上的对位也是前袖山曲线上一个刀眼，后袖山曲线上间隔 1cm 的两个刀眼（图 3-3）。袖子在前后刀眼以腋下吃势各为 0.2cm，剩余的吃势分布在刀眼位置以上的袖山头部。

五、样板的修正与复核

净样板完成之后，需要修正包括含省道的结构线，并确认拼合的两片裁片的连接是否顺畅。本款衬衫中的后肩线和前侧缝线需要修正省道位置的结构线。以后肩线的修正为例，首先重合后肩省两边的省道线，将需要车缝掉的省道量扣倒至后中方向，然后根据侧颈点和肩点的位置重新修正后肩线，打开折叠的后肩省样板，则会得到一个曲折的后肩线（图3-5）。前衣片的侧缝线的修正同理，最后得到也是一条折线（图3-6）。需要拼合的两片裁片在本款式中主要是侧颈点、肩点、袖窿底点、底摆处的侧缝以及前后袖缝之间，具体如图3-5～图3-12所示。

样板复核的主要为了确定两个需要缝合在一起的样板的结构线的长度是否匹配，这里的匹配有相等、加上吃势后相等或者是做完褶裥后相等情形。本款中需要进行样板复合的是衣

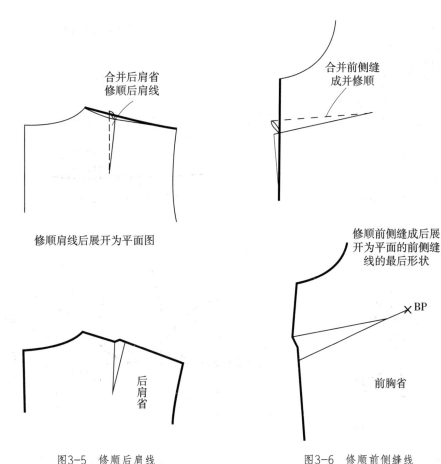

图3-5　修顺后肩线　　　　　　　图3-6　修顺前侧缝线

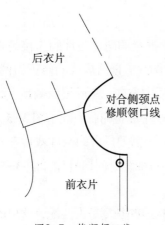

图3-7　修顺领口线

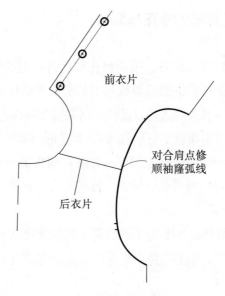

图3-8　修顺前后袖窿弧线

图3-9　修顺袖窿底线

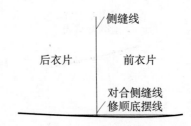

图3-10　修顺底摆线

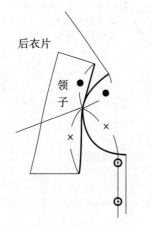

图3-11　前衣片

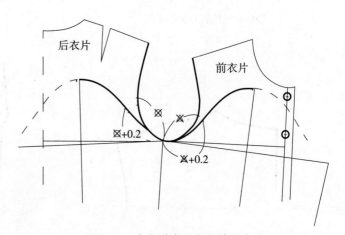

图3-12　复核袖窿弧线与袖山曲线

片前后侧缝线是否相等，袖窿弧线和袖山曲线的差值是否等于预先设计好的吃势，刀眼是否能够吻合，领片的底口弧线与衣片的领口线长度是否相等、刀眼是否吻合，后肩线减去后肩省再减去吃势是否等于前肩线，前后袖缝长度是否相等，袖克夫长度和袖口的长度是否匹配等。除了复核样板缝合部位的长度是否匹配之外，还需要进一步检查是否完成了所有裁片的制版，每个样板上是否已经完成了必要的标注，如样板的丝缕、名称、裁剪数量等。

六、样板的放缝

前面步骤完成了女衬衫样板净样板。净样板中的轮廓线称为净线，一般可以理解为缝合过程中缝纫线的线迹，所以净样板的基础上，需要添加缝份。添加缝份后的毛样板才能排料和画样裁剪（图3-13、图3-14）。

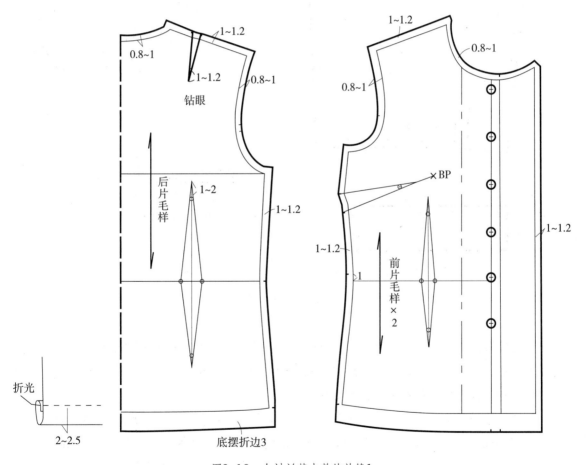

图3-13 女衬衫基本款的放缝1

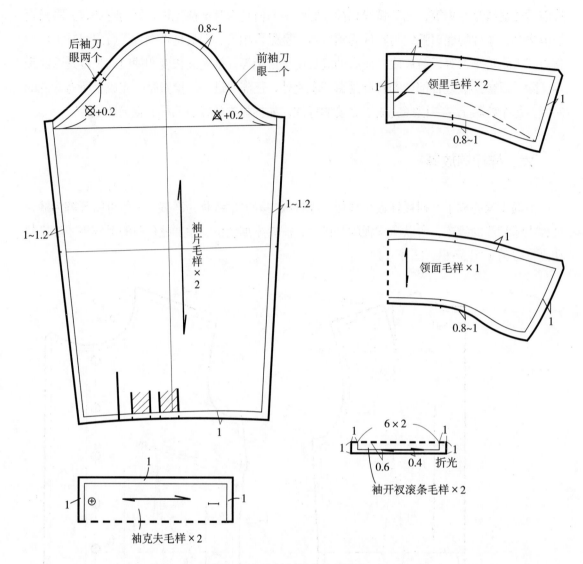

图3-14 女衬衫基本款的放缝2

　　一般的缝份加放一定要采用四边形加放法,不能简单地以距净线一定的缝份画平行线的方法来加放,因为此方法在很多不是直角的样板部位会产生很大的误差,这是绝不允许的。底摆折边的加放则以做对称线的方式来完成。

　　衬衫的缝份取常见的 1~1.2cm,尤其是直线或是轻微曲线部位,如本款中的肩缝、侧缝等;领口弧线和袖窿弧线等有一定曲度的弧线可以采用相对小一些的缝份,一般为 0.8~1cm;袖山曲线与袖窿弧线、领底口线与衣片的领口弧线等在缝制工艺中都需要两两缝合在一起,则它们的缝份必须选择相等。服装底摆的折边量一般取 3~4cm，本款衬衫选择 3cm 即可。对折部位不需要考虑缝份，比如本款设计的后中线、前门止口线以及袖克夫。

七、打样板刀眼

样板的刀眼最后是打在毛样板的缝份上，一般用刀眼钳深入缝份 0.4~0.5cm 即可，位置一定要垂直于净线，以免对位记号之间发生错位，失去了对位的意义。

本款衬衫中的刀眼位主要有省位、腰节线、底摆线、领片上的侧颈点，以及袖窿与袖山的刀眼。其具体位置的详情可见图 3-13、图 3-14。

八、样板的钻眼

钻眼又称打孔，主要是服装车缝过程中需要在样板上定位的标记。例如，口袋位置、省尖位置、扣眼位置等，这些部位往往处在样板的中间，无法利用刀眼来做标记，所以采用在样板上打孔的方法以标记面料上的定位点。手工钻眼一般利用锥子制作，其孔径在 0.2cm 左右，只要肉眼能分辨出即可。本款衬衫中的钻眼位主要是省尖和省量大的定位。省尖钻眼位需在省道的中心线上，省尖退进 1~2cm 的位置即可，省道钻眼位就在省道最大的位置处（图3-13、图 3-14）。

九、黏合衬样板的设计

女衬衫是单层工艺，需要黏合衬的地方主要就是门襟的贴边、领里和袖克夫里（也有将衬黏合在领面或者是袖克夫面），总体需要黏合衬的部位较少，结构简单。

十、排料图

加放缝份之后的毛样板就可以用来排料了。排料的好坏直接决定了面料的利用率，因此这是极其重要的一个环节。正确的排料方法是先排大片、再排小片，反复推敲、合理配置，以达到最大限度地节约面料。排料时还应注意样板上标明的经纱方向必须与面料的经纱方向一致，否则会影响服装成品的造型。图 3-15 中面料幅宽为 144cm，显然这样的面料幅宽在本款式衬衫单裁单做的前提下面料的利用率不高。工业化生产中，不同号码的样板通常需要

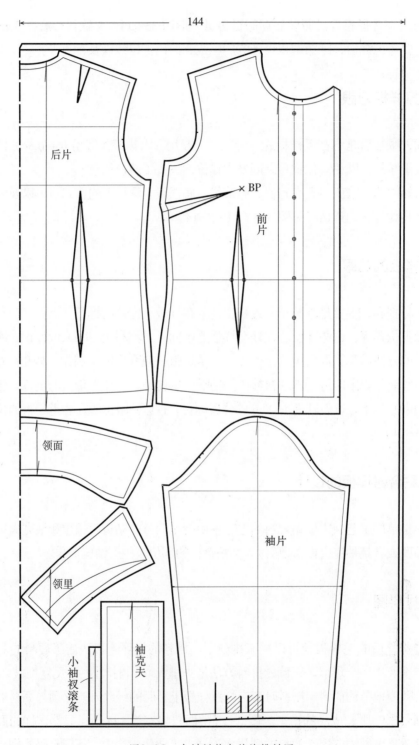

144

后片

BP

前片

领面

领里

袖片

小袖衩滚条

袖克夫

图3-15　女衬衫基本款的排料图

套排在同一张排料图中，这样做是为了提高面料的利用率。

十一、缝制工艺

女衬衫基本型的缝制工艺采用的就是衬衫的常见工艺。其缝制工艺流程也可以作为女衬衫常见的缝制流程。

下面按照缝制工艺流程以图示方式详细解说。

1. 黏衬

前衣片门襟贴边反面黏衬，注意衬距离前门襟止口线 0.1cm，同理领里和袖克夫里反面也黏衬（图 3-16）。本例中黏合衬尽量用在成品不可视部位的反面，因为面料反面粘贴黏合衬之后，面料的性能会发生一定的变化，这会使其外观和手感都与原来的面料不一致，所以尽量避免一件成衣的可视部位明显存在有衬和无衬部位的强烈对比，当然，某些服装设计有硬挺的门襟、领面和袖克夫的外观，这时候就需要在对应部位的反面使用黏合衬。

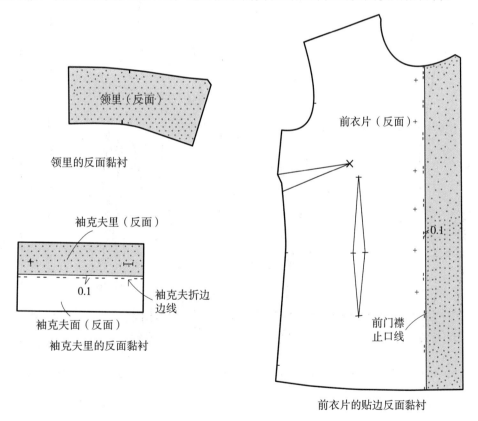

图3-16　前片贴边、领里以及袖克夫里黏衬

2. 做后衣片（图3-17）

（1）缝合后肩省：后衣片的肩省根据裁片的刀眼和省尖的位置在反面缝合，缝好之后将后肩省烫到倒向后中线。

（2）缝合后腰省：根据后腰省显示的钻眼位缝合后腰省，并将其烫倒向后中线。

3. 做前衣片（图3-18）

（1）腋下省和前腰省：同后片的缝制方法和扣烫方法。

（2）做前门襟贴边：前门襟贴边先以1cm缝份折光，并以0.6cm的明线固定，再沿着门襟止口净线将贴边扣烫到反面。

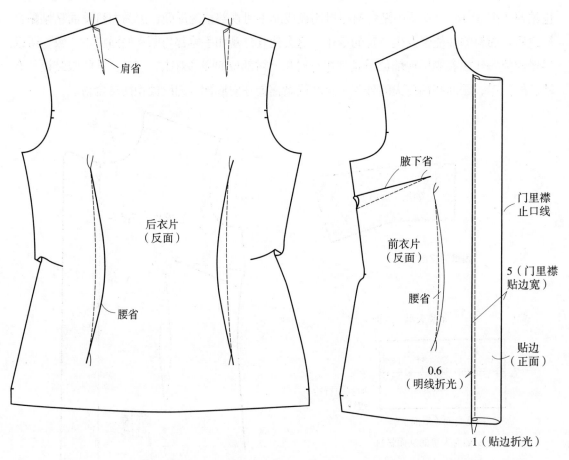

图3-17　缝合后衣片的肩省和腰省　　　　图3-18　缝合前衣片的腋下省和腰省做前门贴边

4. 做翻领（图3-19）

（1）拼合领里：领里是两片丝缕完全一样的斜裁裁片，按照后中1cm的缝份正面相对缝合两片领里，缝好后用熨斗分缝烫平。

（2）缝合领里与领面：缝合好之后的领里与领面正面相对，对合好各个刀眼，然后在领子的净线上勾缝领子的外口线。缝合时将领面放置在下层，车缝时注意领角处领面要松一些，领里紧一些。

（3）清剪缝份：清剪缝好的领子缝份，剩余0.3~0.4cm即可，在领子的领角处做斜线清剪，保留0.2~0.3cm的缝头。

（4）扣烫领里缝份：将领里的缝份预先扣烫倒向中间，目的是当领子翻到反面后更易产生需要的里外匀量。

（5）翻领子：将领子翻到正面，用熨斗把整个领子扣烫平整。扣烫时注意止口的里外匀量，即在止口线处领面要均匀地突出领里0.1cm。

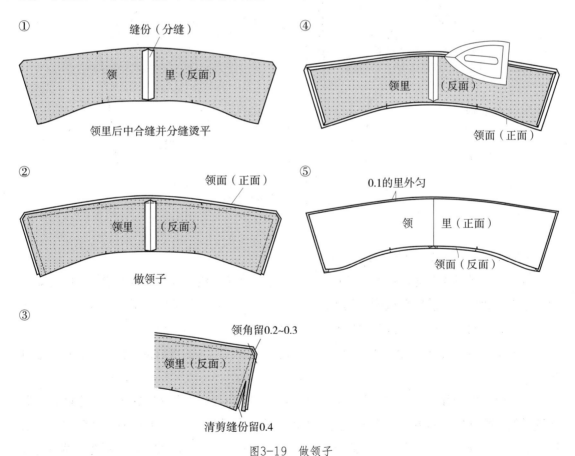

图3-19　做领子

5. 合肩缝

前后衣片正面相对，对齐前后肩线并放平。以设计好的缝头大小车缝肩线，缝好之后再包缝。当然在工业化生产中，可以用五线包缝机一次性完成车缝和包缝两道工序。包好的肩缝倒缝至后衣片（图3-20）。

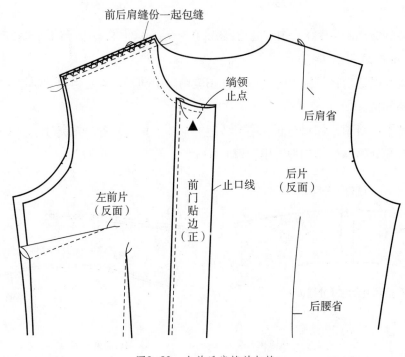

图3-20　合前后肩缝并包缝

6. 缉领子（图3-21、图3-22）

（1）打领底口线的剪口：图3-20中所示的前门中线与领口线的交点即缉领子的起始位置，如果将此位置与前门贴边明线的距离记为"▲"，那么需在领面的领底口线与领止口的距离为"▲"的位置打一个剪口，此剪口深入到净线。

（2）扣烫领面底口线的缝份：将两个剪口之间的领底口线的缝份折到反面，并对其进行扣烫固定。

（3）缝合领子和衣片：前衣片的贴边按照前面折烫的止口线反折到衣片的正面，然后将领子的刀眼和缝份对齐，再夹入贴边和衣片中间，最后从门襟止口的一侧车缝至另一侧，这时需注意起针和结束都要打重针固定。车缝时注意只是缝合衣片和领里，不能将两个剪口之间已经翻折到反面的领面缝合上。缝好之后清剪缝份，留 0.5cm 左右，并在前后领口弧度较大部位打剪口，以便缝份翻折后会平整。

（4）车缝固定领面：整理领面的底口线，使底口线的折边刚好压住绱领的缝纫线，然后以 0.1cm 的明线固定住领面与衣身。

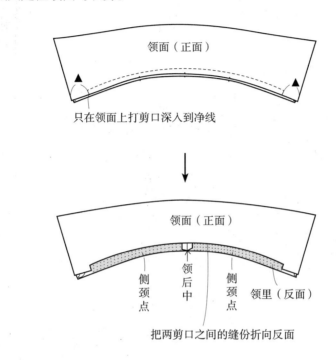

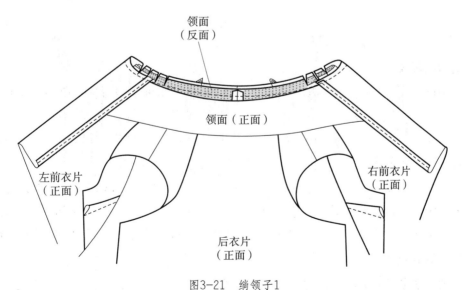

图3-21　绱领子1

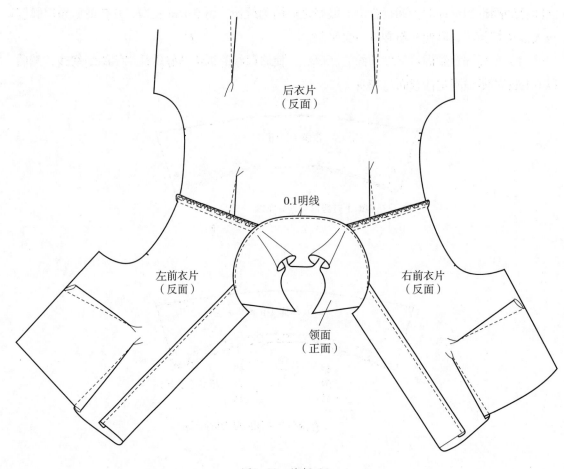

后衣片
（反面）

0.1明线

左前衣片
（反面）

右前衣片
（反面）

领面
（正面）

图3-22　绱领子2

7. 做袖口开衩（图3-23）

（1）剪袖口开衩：按设计的袖口开衩的位置和长度剪开袖口，注意剪到离开衩的最高点0.3cm即可。

（2）做袖开衩滚条：将袖开衩滚条进行扣烫，保证其一边净宽为0.6cm，另一边净宽为0.7cm，并使之平整。

（3）缝袖开衩滚条：滚条中，0.6cm宽一边作为滚条里，0.7cm的另一边作为面。将袖片开衩的长剪口部位夹到扣烫好的滚条里面，注意滚条面在上，滚条里在下，以0.1cm的明线车缝固定滚条和袖片。因为滚条里比滚条面多出0.1cm，所以这条固定的明线也能同时把滚条里给车缝固定了。

（4）固定滚条尖角：翻到袖片反面，将滚条和袖口都对齐，然后将滚条的顶端对折，在距离折边约 0.5cm 的位置斜向重针固定滚条的顶部。

（5）袖开衩的外观：做好之后的小袖开衩的正面效果如图 3-23 中⑤所示。

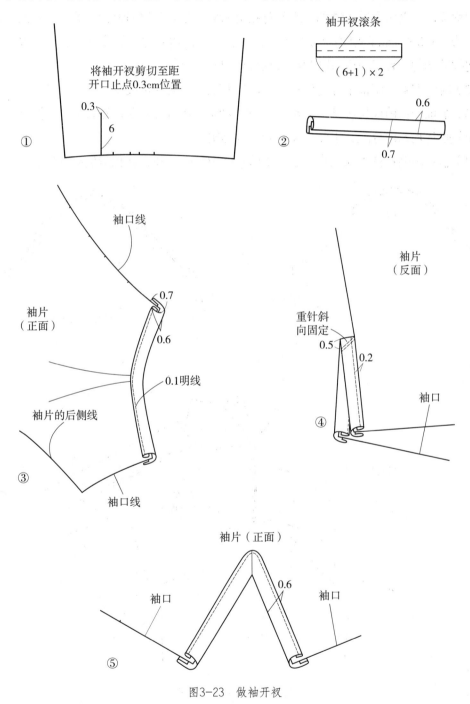

图3-23 做袖开衩

8.绱袖子（图3-24、图3-25）

（1）抽袖山包：因为袖子一般都有吃势，为了使吃势的分布均匀，集证缝制完成后的袖子外观优美，可以用手针在绱袖子之前对袖山抽缩，即从对位刀眼稍下的位置开始，在距离袖山净线为0.2~0.3cm的缝份上以拱针连续缝合，两边留有适当的线头。拱针的线迹密集则袖山包抽缩均匀，容易做出弧度圆顺且吃势均匀的袖山。

（2）对位刀眼：绱袖子时先确定四个对位刀眼是否吻合是关键。

（3）绱袖子：袖片与衣身正面相对，一定要吻合好四对刀眼，然后车缝。注意车缝时要将袖山的吃势均匀地分配，不要在某一处出现褶皱。

（4）包袖山缝：袖子与大身车缝好之后将缝份包缝，并将其扣烫倒向袖片。

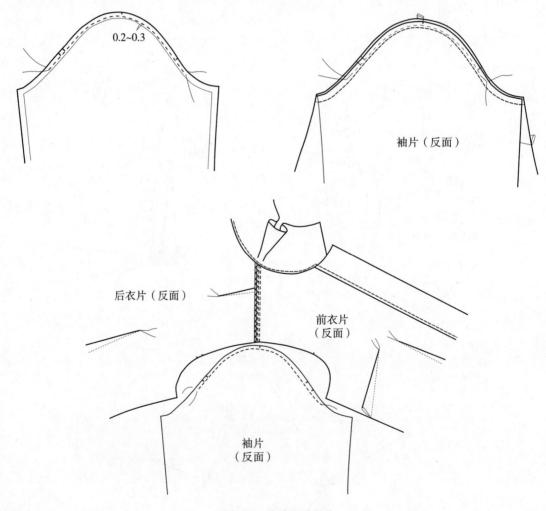

图3-24　绱袖子并包缝

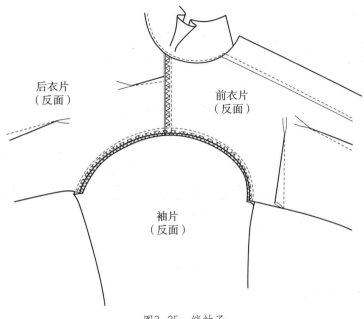

图3-25　绱袖子

9. 合侧缝与袖缝

缝合前后衣片的侧缝，以及前后袖片的袖缝，注意在腋下按照袖山缝份倒缝的方向车缝，合缝之后紧接着进行包缝缝份处理（图 3-26）。

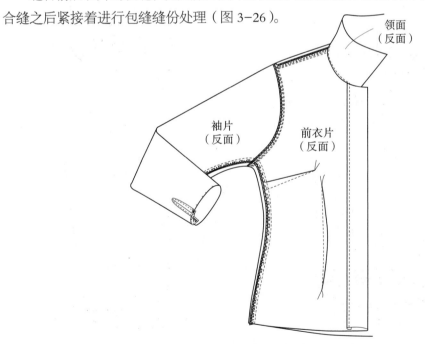

图3-26　合衣身侧缝与袖缝并包缝

10. 做袖克夫（图 3-27）

（1）折光缝份：将袖克夫面的 1cm 缝份折光到反面。

（2）缝合袖克夫面与里：袖克夫面与里正面相对，对齐两端并缝合，然后清剪缝份至 0.5cm 左右。

（3）翻袖克夫：将袖克夫翻到正面，用熨斗扣烫平整以备用。

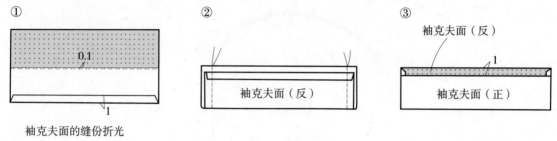

图3-27　做袖克夫

11. 缅袖克夫（图 3-28）

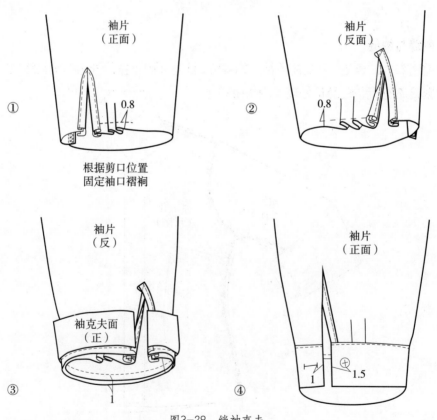

图3-28　缅袖克夫

（1）固定袖口褶裥：根据袖口的刀眼位置用缝纫机在缝份上预先固定好袖口的两个褶裥，注意两个褶裥的正面都是倒向袖开衩的位置。

（2）翻折固定袖开衩：两个褶裥在袖片的正面看来是倒向袖开衩的，但在反面看则刚好是相反的方向，即离开袖开衩的方向。另外注意观察图中袖开衩的门襟是翻折到袖片的反面固定的，即袖口长度会短了一个袖开衩宽度的量。

（3）缝合袖克夫和袖口：袖克夫里与袖片的反面相对对齐缝份，并以 1cm 的缝份车缝固定。

（4）绱袖克夫面：将刚刚车缝好的缝份塞入袖克夫的反面，然后将袖克夫整理平整，使袖克夫面朝上，然后沿着距离袖克夫面的折边 0.1cm 的位置缉明线固定袖克夫面。

12. 做底摆（图 3-29）

（1）做前衣片下摆：将前门襟贴边反折到正面，沿着下摆净线车缝，固定贴边与前衣身，清剪前衣片下摆多余的量，并翻出扣烫平整。

（2）缝下摆：衬衫的下摆做卷边缝处理，3cm 的下摆折边量中 1cm 是缝份，另外 2cm 做下摆，以 0.1cm 明线进行卷边缝。

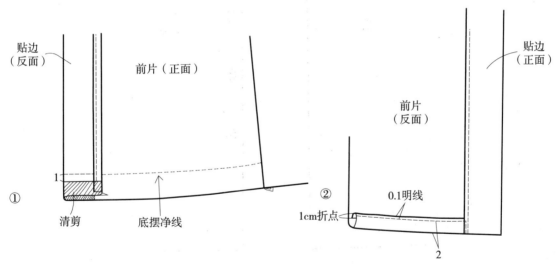

图3-29　做底摆

13. 锁眼钉扣

根据样板的钻眼位锁眼钉扣，注意女装右前片是门襟，需要锁扣眼，而左前身是底襟需要钉纽扣。女装的门里襟方向与跟男装刚好是相反的。钉纽扣的位置就在前中心线上，但是扣眼并不是以前中线作为中心位置来处理的，需要纽眼的一侧超过前中线 0.2~0.3cm 就可以了（图 3-30）。扣眼的大小一般是扣子的直径加上扣子的厚度来考虑。

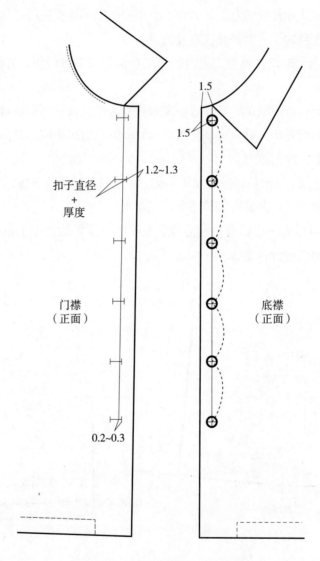

图3-30　衣片门襟锁眼、底襟钉扣

第四章　女衬衫结构的设计变化

一、男式衬衫领圆摆翻门襟女衬衫

1. 款式设计

图 4-1 所示的女衬衫属于紧身型，也是常见的经典款式，既可以外穿也可以与外衣搭配穿着。本款女衬衫的主要结构特征为男式衬衫领，衣身有育克结构，前后衣身设计腰省，且前腰省长及底摆。门襟为翻门襟，袖子为合体度较高的平装袖，袖开衩采用大开衩形式，下摆为常见的圆弧下摆，服装整体缉明线装饰。总之本款女衬衫除了腰省设计之外，其余的结构形式与男式衬衫非常接近。

本款式为紧身女衬衫的例子，面料可采用略有弹性的牛仔布、斜纹布等中等厚度面料。此外，全棉或棉混纺面料也是很好的选择。面料的图案可选素色、条格或者碎花等，会有比较理想的效果。

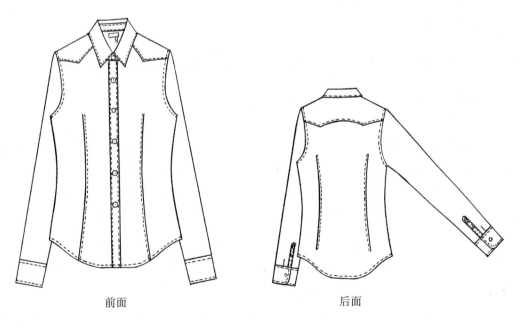

前面　　　　　　　　　　　　　　后面

图4-1　男式衬衫领圆摆翻门襟女衬衫

2.规格设计

表4-1为男式衬衫领圆摆翻门襟女衬衫成品规格设计表。

表4-1　男式衬衫领圆摆翻门襟女衬衫规格设计　　　　（单位：cm）

序号	部位名称	部位代号	人体尺寸（160/84A）	加放松量	纸样尺寸（160/84A）	测量方法
1	后中长	L			60	后中心线测量
2	肩宽	S	39	−2	37	左右肩点水平测量
3	胸围	B	84	6	90	袖窿底点测量
4	腰围	W	68	6	74	腰节线水平测量
5	臀围	H	90	4	96	腰节下20cm水平测量
6	下摆				97	衣身最底边水平测量
7	袖长	SL	50.5	7.5	58	袖中线测量
8	袖肥				30	袖肥线水平测量
9	袖克夫大				19.5	
10	袖克夫宽				5	

3.结构设计

（1）衣身（图4-2）

① 胸围放松量：此款衬衫为紧身型女衬衫，各个部位的松量设计要小于原型，所以要在原型胸围10cm的放松量上减少一些。胸围辅助线上的样板尺寸要求为90cm，其中，前后衣片的分配中，前片的胸围应略大于后片的胸围量，即前片为"B/4+0.5cm"，后片为"B/4−0.5cm"，两者的绝对值相差1cm。但是事实上，图中后衣片的胸围计算公式是"B/4−0.5cm+★"，这个★是为了弥补后腰省在胸围辅助线处收掉的量。

② 后中长：衬衫下摆设计在臀围线附近，后颈点先上抬0.3cm，然后从此点向下量后中线60cm处确定下摆辅助线的位置，前衣片下摆的位置与后衣片水平。

③ 前胸省：此款衬衫的前后衣身只有前后腰省，似乎没有设置胸省，但在紧身轮廓造型中，女装的胸省设计是必不可少的。其实本款式中的前腰省长度一直与下摆相交，这种省道形式的设计就是胸省转移到前腰省的结构处理。

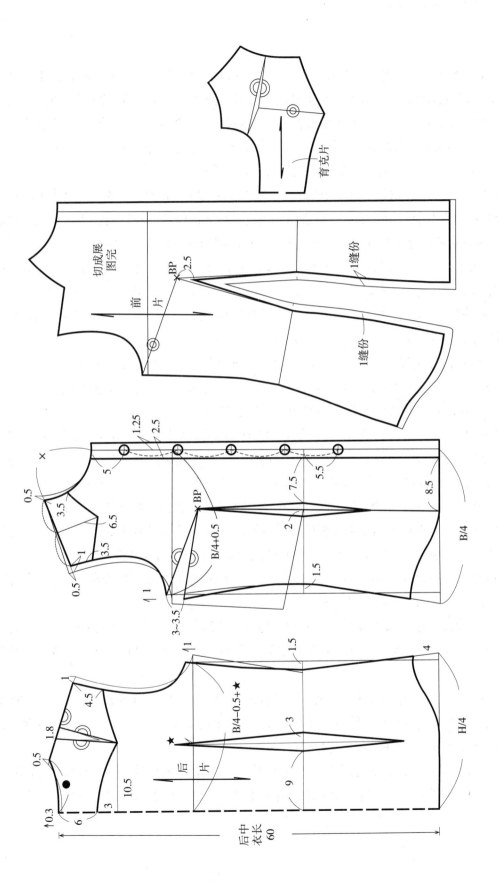

图 4-2 衬衫衣身的结构设计

原型中胸省的最大使用量约为 3.5cm。本款女衬衫为紧身造型，所以胸省使用量可取 3~3.5cm，当然服装的外观上并没有显示省道，是通过处理样板，使之转移到前腰省中获得的。图中的前衣片图显示，胸省融入到前腰省之后，前腰省的量加大许多，同时在下摆也产生多余的量，这些都是需要通过缝纫收掉的量，具体的工艺可以在前腰省的两侧留 1cm 的缝份一直到相交位置，前腰省缝合之后再通过包缝处理缝份的毛边。

④ 腰围放松量：在样板的结构设计中，需要考虑腰围处的放松量的同时考虑前后侧缝线的收腰量，以及前后腰省量。一般来讲先确定侧缝线，前后取相等的收腰量，这里先取 1.5cm。然后再考虑前后腰省量的大小，由于女体腰部的体型特征，后腰省的量一般大于前腰省 1cm 左右，本设计通过计算，后片取 3cm 腰省，前片取 2cm 腰省。当然，省道的位置、省道的长度、省尖的位置可以根据省道量的大小和款式的外观要求进行灵活地调整，原则就是能将前后腰省比较均匀地分布在服装上，使服装有更好的合体度。另外，需注意前腰省的省尖既要接近女体的 BP 点，又不能在 BP 点上。

⑤ 前后肩线：前后肩线除了侧颈点开大 0.5cm 之外，前肩线需下降 0.5cm 使肩斜角度与人体更加贴合，同时前肩点缩进 1cm 以减小肩宽，与款式整体的紧身造型相吻合。后肩线保留的 1.8cm 后肩胛省转移到后育克的横向分割线中。

⑥ 育克片：男式衬衫中的育克又被称为覆势或过肩，是指穿过前后肩背部，且在肩线处不设分割线的双层结构的裁片。双层面料的设计是为了满足耐磨性要求。在育克片的结构设计中，肩胛省转移到后片的育克分割线中。衬衫育克线的设计有很多种线形，比如直线、曲线、折线等，这些线条的形式不会影响服装的合体度，只是改变款式的视觉效果。本款衬衫采用两条相交的折线，同时这两条折线带有微凹的曲线造型来构成育克片。本款衬衫的育克片结构以及取料方式如图 4-2 所示，育克片的取料一般与大身的丝缕相反。

⑦ 前后袖窿弧线：本款式的胸围四分之一片大约收进了 1cm，所以前后袖窿底点可以上抬 1cm，与款式的紧身造型相适应。

⑧ 前后领口线：本款式是男式衬衫领，与领口线缝合的是男式衬衫领中的立领，为了使立领的后领上口更能贴合颈部，可以使后领口上抬 0.3cm。前后侧颈点开大 0.5cm，前颈点不动。

⑨ 翻门襟：翻门襟的工艺有多种，大部分的门襟都要使用压明线来固定，所以有时也称翻门襟为明门襟。女衬衫的翻门襟量不宜太宽，否则看起来粗犷，缺乏女人味。本款式的搭门设计为 1.25cm，翻门襟总共的宽度是 2.5cm。

⑩ 下摆：本款设计底摆为圆摆，其曲线造型设计线，可以根据设计者对款式的理解自由发挥，需注意的是前后侧缝缝合后应该连接顺滑。另外，由于圆摆的曲线变化较大，下

摆的缝份一般只放 1cm，以方便卷边缝，如果下摆留有过大的缝份，反而会给工艺增加难度，不利于缝制顺畅平整的下摆。

⑪ 扣眼位：男式衬衫领的第一颗扣子在领子的立领上，那么衣身的第一颗纽扣一般会低于前领口线 5~6cm。本款式取 5cm，最后一颗扣位在腰节线以下 5.5cm，在衣身上一共安排 5 颗纽扣，则将这两颗纽扣位之间的距离进行 4 等分，每个等分点即是扣位。

（2）袖片（图 4-3）

① 袖山高与袖肥：本款衬衫的袖子先定好袖肥为 30cm，即画一条 30cm 长的水平线，然后以"前 AH-0.5cm"和"后 AH-0.5cm"截取到袖山高。袖山曲线的绘制如图 4-3 所示。另外需注意本款式的袖子为平装袖，袖子缝份倒向大身，沿着衣身的袖窿压明线，所以袖子不宜有吃势，可以在复核前后袖山曲线和前后袖窿曲线的数值时加以调整。

② 袖山曲线：本款袖山曲线的制图方法与前面的基本款不一样，在绘制袖山高较高的合体袖时利用此方法比较便利，效率高。具体操作方法为首先过袖山高点画一小段水平线，此水平线长度按"10 袖肥/32"取值，并左右等分；然后通过前端点与前袖肥的 1/4 等分点画直线为前袖山辅助线；同理通过后端点与后袖肥的 1/8 等分点画一直线为后袖山辅助线；最后画与这两根辅助线相切的圆顺曲线就可以得到优美的袖山曲线了。

③ 袖长：袖长是包含袖克夫，袖身长度应该减去袖克夫宽度。

④ 袖开衩：本款式的袖口采用大开衩，其开衩滚条的裁剪与缝制工艺与前面基本款里面的小袖衩有些不同，具体可以参考图 4-3 中的裁片图和工艺示意图。其中，袖开衩的门襟宽度较宽，会比袖片开衩剪口的毛边宽一定的量，这个量实际上取决于开衩门里襟的宽度以及缝合开衩时的缝份大小。

⑤ 前后袖缝线：本款式的袖子设计要求有较高的合体度，所以在做结构设计时借鉴了一片合体袖的袖缝与袖口的结构形式，即前袖缝微凹、后袖缝微凸。同时为了取得前后袖缝线的平衡，后袖处的袖山曲线下落 0.5cm，与之相对应的后袖口位置也后移 0.5cm 再下落 0.5cm。

⑥ 袖口：袖口的大小与袖克夫尺寸、袖口的褶裥大小以及袖开衩尺寸密切相关。这里由"袖克夫 +2.5（活褶量）-1.4cm（袖开衩门襟量）"来确定。具体可以观察图 4-3 所示的相对关系来理解。

（3）男式衬衫领（图 4-4）

男式衬衫领是由男式衬衫的固定领型而得名的，日常生活中所见的男式衬衫领几乎都是

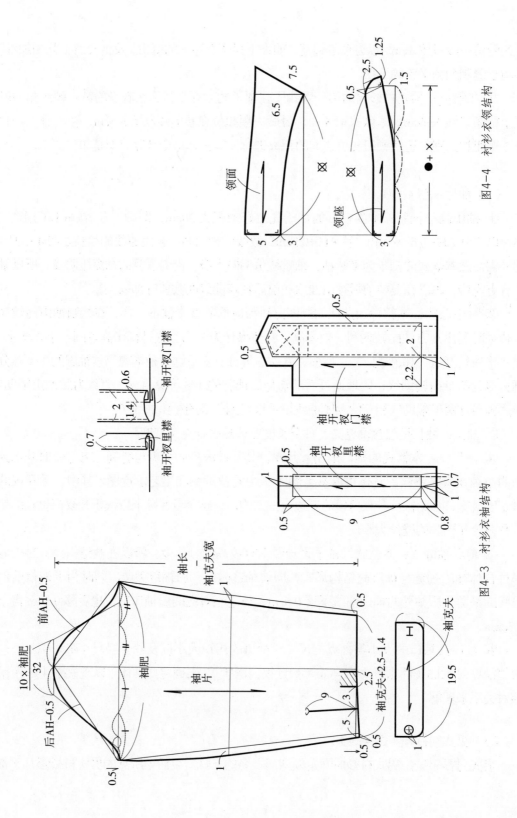

图4-4 衬衫衣领结构

图4-3 衬衫衣袖结构

采用领座和领面两个裁片通过拼接而成的两级领结构。这种领型发展到现今，也被广泛地应用在女衬衫的款式设计中。

① 领座：男式衬衫领的领座也叫领台，它是以完全的立领结构，因此遵从立领结构的设计原理。本款式立领的前门起翘量取 1.5cm，领座的搭门量与前衣片门襟一致，为 1.25cm。立领的后中心高 3cm，前中心处取 2.5cm，一般比后中心小 0.5cm。图 4-4 中前门中心线往后中偏移 0.5cm，此点才是着装后立领的前中心位置所在，即与领面绱领点。这绱领点距后中心的曲线长度记为"⊠"。

② 领面：男式衬衫中的领面结构是完全的翻领，其同样遵从翻领结构的设计原理。本款式后中的直上尺寸取 3cm，然后以其领底口弧线的长度与立领的上口线"⊠"相等的原则来确定。领面的领角大小与角度完全取决于款式设计。值得说明的是这些领角的流行变化几乎就代表了男式衬衫领的流行变化。

③ 丝缕：男式衬衫领的丝缕取向是领子里面独一无二的，无论是立领还是翻领，其领里和领面都应取横丝。

二、灯笼长袖无门襟女衬衫

1. 款式设计

图 4-5 所示的女衬衫也是属于紧身型轮廓，但在传统的衬衫款式设计中有所突破，尤其是前衣片从领子、门襟和胸部来说都有所变化，整体又不失正规的样式，可以作为外穿衬衫与裤子或是裙子搭配，为白领女性通勤着装的理想选择。衬衫的领子还是男式衬衫领。但是与"V"字形领口线缝合，前门呈现分开的状态，与常规的男式衬衫领有很大的区别，这种领型如果衣身搭配的是驳领，配合好角度那就成了风衣领了；前门为对襟设计；整个前衣片没有设计胸省和腰省，在胸部设计的横向小碎褶不仅处理了胸省，还使得款式设计的女性味道十足；后衣片用肩缝公主线的分割代替了肩胛省和腰省，有极高的合体度；下摆还是臀围线附近的圆摆设计；服装的袖子是灯笼造型的长袖，这种造型在女衬衫中是常用的，袖山头和袖口都有碎褶设计，与前衣身的碎褶设计遥相呼应，整体风格协调而统一。

本款女衬衫面料选用范围较大，因为有碎褶设计，所以倾向于选用质地细薄且悬垂性优良的面料来制作。如丝绸、细平布都为理想面料，当然也可选用用化纤的麻纱类为面料。

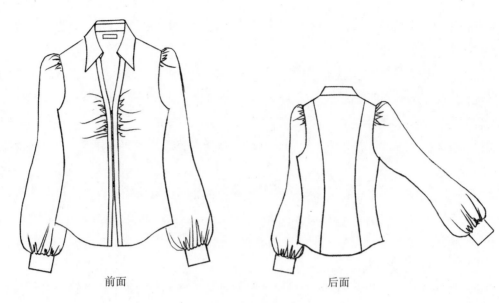

前面　　　　　　　后面

图4-5　灯笼袖女衬衫

2.规格设计

表4-2为男式衬衫领圆摆翻门襟女衬衫的成品规格设计表。

表4-2　灯笼长袖无门襟女衬衫的规格设计　　　　　（单位：cm）

序号	部位名称	部位代号	人体尺寸（160/84A）	加放松量	纸样尺寸（160/84A）	测量方法
1	后中长	L	38	20	58	后中心线测量
2	肩宽	S	39	-3	36	左右肩点水平测量
3	胸围	B	84	8	92	袖窿底点测量
4	腰围	W	68	11	79	腰节线水平测量
5	臀围	H	90	5	96	腰节下20cm水平测量
6	袖长	SL	50.5	9.5	60	袖中线测量
7	袖克夫大				20	
8	袖克夫宽				6	

3. 结构设计

（1）衣身（图4-6）

① 胸围放松量：本款衬衫为紧身型女衬衫，因此胸围放松量比较少，大约为8cm，前片成品的净尺寸要稍大于后片的，绝对差值为0.6~1cm，关于这部分可以参见前一款式。

② 前后领口线：本款式是男式衬衫领，与领口线缝合的是男式衬衫领里的立领，所以后领口仍需上抬0.3cm。前后侧颈点开大了0.5cm，前颈点根据制作者对款式设计理解自行决定。

③ 前后肩线：本款式的袖山头为泡泡袖结构，一般来说泡泡袖的肩宽要做窄一些，那么袖山头的鼓包造型恰好能落在人体的肩点，所以本款式样板的前肩点在原型的肩点处下降0.5cm的同时，还收窄了1.5cm。后肩胛省大仍然取1.5cm，但是以大约8.5cm的长度融入到分割线之中，注意分割线的位置处在后小肩的中点。

④ 腰围放松量：本款中的前衣片没有腰省，只能在前片的侧缝处适当多收一些腰省量。后片的分割线可以处理约4cm的腰省量，4cm的后腰省量对腰节以上的后背区域是完全能够承受，做完成衣后也不至于出现空鼓的不合体现象，但是对于腰节以下的腰臀部位则4cm的收腰量太大，由于本款式的后衣片是一条分割线，那就意味着可以在臀围处使两条分割线张开1cm，这样后腰省针对腰臀部位的实际省道量就是3cm，而不是4cm。臀围线上损失的1cm在后侧缝补回去。

⑤ 前胸省：前胸省取到最大量，即腰节和下摆的位置前后水平，那么前后侧缝的差值就是前胸省量，大约为3.5cm。这个胸省量最后通过省道转移成为前门中间的横向碎褶。

⑥ 前衣片碎褶：如图4-6中所示，衣片中腋下的胸省量闭合，然后根据碎褶的方向和位置剪切样板至BP点，并与前面的胸省闭合线相交，得到了前中的碎褶量"□"，这个碎褶量"□"还不到2cm，远远难以完成款式图中大量的碎褶造型，这样就需要剪切前衣片样板，使前门中线延长到能做出足够的碎褶。根据经验估计款式图中的碎褶量大小、碎褶位置以及碎褶的方向，在BP的上下画出三根水平的剪切线直至样板的边缘，注意剪切线应该均匀分布，然后在每个剪口中加入大约2.5cm的抽褶量。每个切口中加入的松量也是完全凭经验预先估计的，最后需要根据样衣完成后的感觉来调整。

⑦ 对襟：对襟即没有左右门襟、里襟相互叠合的情形，只是左右前衣片在前中线处相互对合，对襟是中式服装固定的门襟形式。对襟没有左右对搭的搭门量，在穿用过程中难免要露出里面的衣服，因此可以通过在衣片的一侧装底襟来避免，如图4-6中的2cm宽度的底襟。

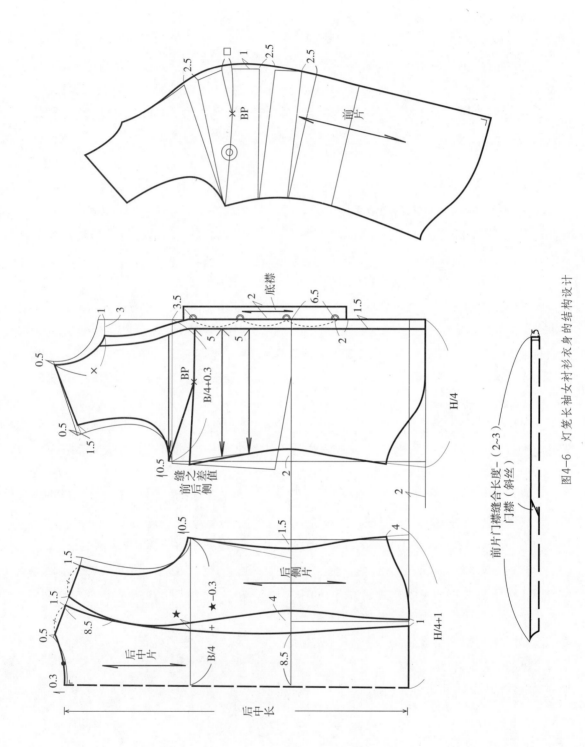

图4-6 灯笼长袖女衬衫衣身的结构设计

本款式虽然没有搭门，但有门襟，门襟是 1.5cm 宽的直线与"V"形相结合的弧线造型，可以利用 45° 斜丝对折裁剪。

⑧ 扣合形式：对襟没有搭门，所以没法锁眼钉扣，一般可以采用中式服装的纽襻来扣合，也有用更细巧的钩环组合，本款就采用后者，这种钩与环不仔细看很难看出来。

⑨ 丝缕：前衣身的丝缕以腰节以下的裁片取得直丝为准，那么腰节以上为斜丝，像此类款式采用素色面料制作会有比较好的效果。

（2）袖片（图 4-7）

① 袖山高与袖肥：本款衬衫的袖子先定好袖山高 AH/3，然后再定出袖肥。根据常规的袖山曲线的结构设计方法得到袖山曲线。

② 泡泡袖：前面得到的袖山曲线只是有一丁点儿吃势的袖山头，远没有形成泡泡袖的碎褶量，此时，需要切展样板加入袖山头褶量。泡泡袖的做法与切展的方法有很多，但都是大同小异，做成后的泡泡效果也只有细微的区别。本款衬衫切展到袖山高的 2/3 处，然后依照图 4-7 所示拉开袖山头的样板，以袖中线为中心，两边共增加 8cm 的抽褶量，此外还把袖山高加高了 1cm，以满足袖山向上先鼓起需要的松量。

③ 前后袖缝线：袖身的灯笼造型中，袖肘部位有略小的感觉，故款式的前后袖缝线在肘辅助线上各凹进 1.5cm。

④ 袖口：由于袖口抽大量的碎褶，处理就很简单了，直接与袖肥大小相等，采用原型的前短后长的弧线造型，多余的袖口量在绱袖克夫时以碎褶的方式缝合即可，注意碎褶的分布后袖口要多于前袖口。

（3）男式衬衫领（图 4-8）

与前一个款式的男式衬衫领的结构设计方法没有本质区别，不同的地方主要有三点：一是本款衬衫的"X"是量到衣片前领口线的止口点，而不是一般的前中心点；二是本款的领座没有搭门，这样领座上口线和领面的下口线没有差量，取量相等；三是本款式立领的起翘尺寸和翻领的直上尺寸取值都要比前一个大一些，那是主要因为本款的领口开大了较多，而且男式衬衫领的造型也比较倾向脖子（图 4-8）。至于领角的大小与形状等则完全依靠设计线，与领子的立体造型无关。

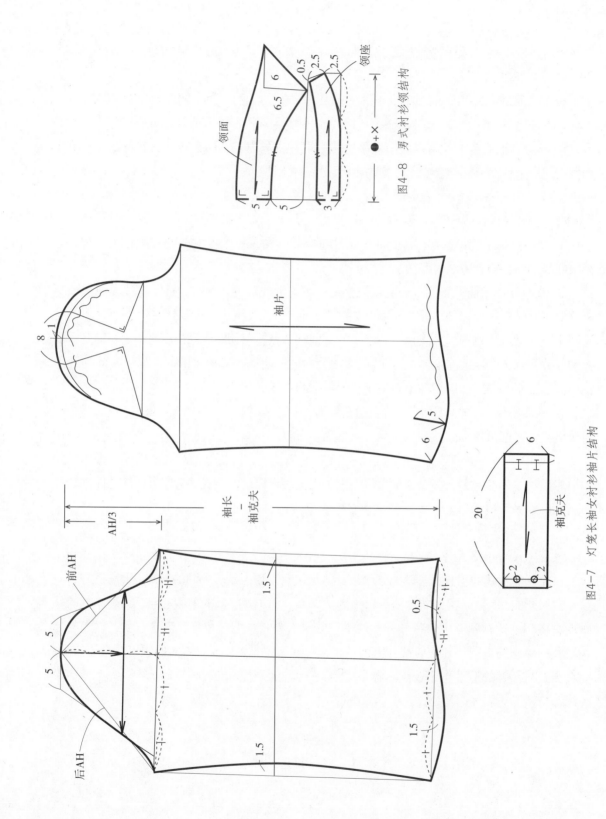

图4-8 男式衬衫领结构

图4-7 灯笼长袖女衬衫袖片结构

三、小翻驳领圆摆宽松女衬衫

1. 款式设计

图 4-9 所示的女衬衫与前面的例子有很大的区别，其轮廓造型为宽松的直筒型，也可以说是属于上大下小的倒梯形轮廓。与宽松轮廓相匹配的款式特征为衣身的前后片没有任何的省道结构，但是在衣身的前后片设计了直线式的育克分割线，后中心处设有一个明褶裥。除此之外，服装的肩点也有较多的松量，呈现了落肩结构。领子可以称作是翻驳领，因为其样板设计方法与翻驳领一样，只是驳点较高而已。这种领型在驳领部分钉上纽扣进行扣合时，就成了翻领了，所以可以作两用领。前衣片有两个大的胸袋，胸袋采用有袋盖的贴袋形式。衣身的下摆设计成圆摆。与衣身的宽松设计一致，袖片也很宽松，袖肥较大，袖口开衩采用大开衩。这种大开衩常用在男衬衫的设计中，也是宽松式衬衫的常用开衩形式。款式的整体压明线装饰。如果将本款式中的领子换成男式衬衫领，则衬衫的款式成为在日常生活中较为经典的衬衫产品。

该款衬衫可以选用斜纹布、绒布、细平布等纯棉织物，也可以选取质地细薄且悬垂性优良的丝绸面料来制作。本款式适宜作为外穿式衬衫，具有随意、洒脱的休闲风格，既适合年轻人穿着，也适合一些年老体型略胖的女士日常着装。

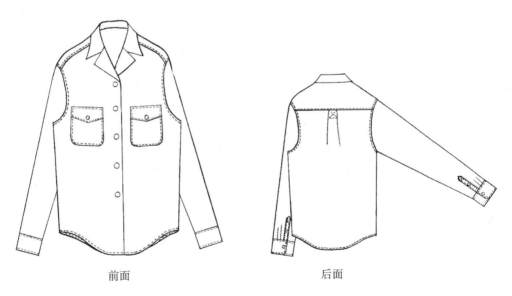

前面　　　　　　　　后面

图4-9　小翻驳领圆摆宽松女衬衫

2.规格设计

表4-3所示为小翻驳领圆摆宽松女衬衫成品规格设计表。

表4-3　小翻驳领圆摆宽松女衬衫的规格设计　　　　（单位：cm）

序号	部位名称	部位代号	人体尺寸（160/84A）	加放松量	纸样尺寸（160/84A）	测量方法
1	后中长	L	38	32	70	后中心线测量
2	肩宽	S	39	6	45	左右肩点水平测量
3	胸围	B	84	24	108	袖窿底点测量
4	下摆				106	衣身最底边水平测量
5	袖长	SL	50.5	4.5	55	袖中线测量
6	袖克夫大				22	
7	袖克夫宽				6	

3.结构设计

（1）衣身（图4-10）

①胸围放松量：这类宽松的服装，胸围的放松量一般都会在20cm以上，否则服装的宽松效果不明显，反而会使整件服装显得呆板。此款衬衫作为典型的宽松型女衬衫例子，胸围的放松量在原型的基础上半身再加放7cm，其中4cm追加在后胸围辅助线上，另外3cm追加在前胸围辅助线上，胸围的全部松量为24cm。在宽松款式的样板设计中，后片的松量可以适当地多于前衣片的松量。

②后衣长：由于胸围放松量增加，服装风格宽松，服装衣长的选择上也要相应加长，以取得长度与宽度的平衡。后衣片在原型的腰节以下追加32cm，而前衣片在原型腰节线以上2cm作与后衣片腰节的对位线，前下摆又低于后下摆线1cm，实际上前衣片在腰节以下追加了31cm。

③前后领口线：本款式是翻驳领结构，前后侧颈点都开大1cm，前颈点的开深量取决于驳点的高低，故本款式选择在胸围辅助线上。

④前后肩线：与衣身的款式造型相对应，本款式采用抬高前后肩线以增加松量，此外，在原型的肩点向外延长3cm为肩部的落肩量。如图4-10所示，与衣片的胸围加放一样，肩

部的松量也尽量为后肩松量大于前肩的松量。

⑤ 育克片：前育克线平行于前肩线；后育克线采用水平线，其距离后颈点的量要大于一般合体型女衬衫的量。后育克的分割线中可以融入大约 1cm 的后肩省量以增加后衣片的合体度。前后育克在肩线拼合成一片完整的育克裁片。

⑥ 前后袖窿底点：由于本款衬衫是非常宽松的服装风格，衣身没有必要设计任何胸省，因此前衣片的胸省就必然在前袖窿底点或者前腰节线两个位置处理。本款式的前袖窿底点下降 5.5cm，比后袖窿底点下降量多了 1.5cm，那么胸省剩下的 2cm 就在前腰节线上去除。经过这样前后下降量的不同处理，保证前后侧缝线的等长。

⑦ 后中明褶：与后育克片相拼接的大身有一明褶裥，通常宽松的款式会设计这样的褶裥。褶裥的量直接在后中加出，这里是 3cm，再画出明褶符号，标示出打褶裥的位置和方向。

⑧ 贴袋：胸部贴袋的袋口位置一般在原型的胸围线上下，且距前中线 6cm 左右。针对具体的款式可以按照实际情况进行位置的调整。一般来说，衣服的长度偏长一些，那么袋口位置可以适当降低一些。另外在袋口的水平方向上，一般还需要保证口袋边缘与前衣片的胸宽线之间至少有 2cm 的距离。考虑到人体胸省的需要，前胸袋的袋口线一般是前中低于侧面 0.5cm。

（2）袖片

为了配合宽松的衣身结构，本款衬衫的袖子也十分宽松，那就意味着要选择较低的袖山高。其袖山高公式可以按照 AH/6~AH/4 来计算，这里采用 AH/5。这类宽松落肩袖绱袖子的缝份都是倒向大身方向，并沿着大身的袖窿弧线压明线，所以缝合袖山时吃势为零（图 4-11）。袖片的样板画好之后，一定要复核袖山曲线和袖窿弧线的长度，使两者相等以保证没有任何高袖吃势。

（3）小翻驳领

这个翻驳领的结构设计与前面基础所讲述的翻驳领没有什么本质的区别，实际上也可以理解成在衣身的领口线上装了一个翻领而已。

① 翻折线：前肩线反向延长 2cm 作为前侧颈点之领座高的辅助点。过此辅助点与驳点画一条直线，此直线即小翻驳领的翻折线。

② 翻驳领的领型设计：在翻折线的大身一侧，根据款式的翻驳领造型特征画出其驳领和翻领的整体感觉，然后以翻折线作为对称线，反射到翻折线的另一侧。

③ 倒伏尺寸：过衬衫的前侧颈点，画翻折线的平行线，在此平行线上取后领口弧线长

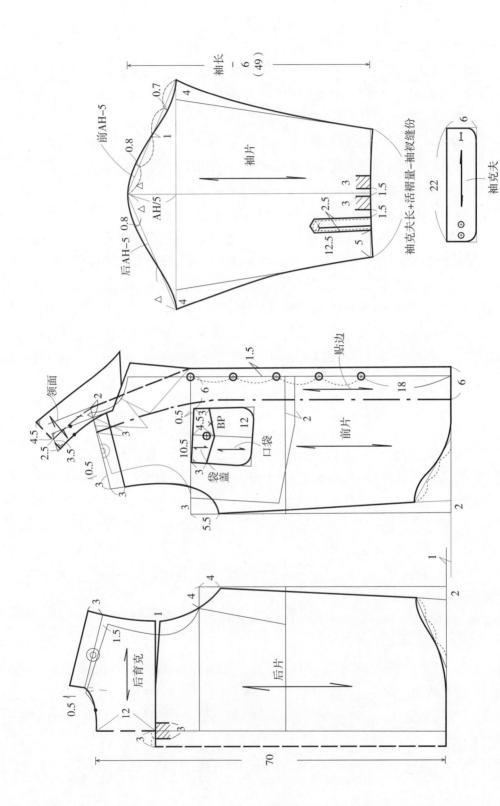

袖长 — 6 (49)

0.7

前AH-5

0.8

1

△

后AH-5 0.8

AH/5

△

袖片

4

2.5

3 3

1.5 1.5

12.5 1.5

5

△ 4

袖克夫长+活褶量-袖衩缝份

袖克夫

22

6

I

图4-11 衬衫袖袖片结构

领面

2

1.5

贴边

6

18

2

前片

6

0.5

4.53

BP

12

10.5

口袋

3

袋盖

3

0.5

3

3.5

2.5

4.5

3

3

5.5

2

图4-10 衬衫衣身结构

2

1

3

1

1.5

后育克

4

4

0.5

12

后片

3

3

70

"●"，然后将此线往肩点方向倒伏 3.5cm。

④ 后领座和领面：做倒伏之后线段的垂线，在此垂线上依次取后领坐高 2.5cm、领面宽 4.5cm，然后结合前面已经画出的翻领领角部分画顺成为领外口线，其线条需流畅、完整。

⑤ 丝缕：小翻驳领实际上也是一翻领，其有领里和领面之分，取料与前面所述的女衬衫基本款里面的翻领是完全一致的。

四、泡泡袖平领低腰女衬衫

1. 款式设计

图 4-12 是一款短袖式女罩衫，其轮廓造型为宽松的直筒型，但是在人体的跨部有收紧的松紧带设计。松紧带处自然将直筒型的轮廓收小成低腰的 X 型，并将衣身整体形成自然褶皱外观。细褶与松紧的细节设计与袖子设计是相呼应的，本款衬衫的袖子是经典的泡泡短袖造型，袖山头和袖口都收小形成许多自然的小细褶。衬衫的领子是平领结构，外口线设计成小圆弧，这类领型通常被称作铜盘领，是常用在女童服装中的领型，显得活泼而可爱。本款领子还在领外口嵌缝了花边，使得服装的可爱意味更为强烈。服装前后身的塔克褶设计使服装整体增色不少，前身采用与领外口线类似的圆弧形分割的育克线，育克部分有门里襟

前面　　　　　　　　　　后面

图4-12　泡泡袖平领收腰女衬衫

结构，以纽扣扣合，并在左右衣身设计了四条均匀分布的塔克褶，衣服的后衣身也以后中线对称分布了四条塔克褶。

该款短袖衬衫的整体设计随意轻松、活泼可爱，尤其适合年轻的小姑娘穿用。其面料可以选用薄型的纯棉细棉布或者泡泡纱，选择的要点在轻软细薄上。

2. 规格设计

表4-4为泡泡袖平领低腰女衬衫成品规格设计表。

表4-4　泡泡袖平领低腰女衬衫的规格设计　　　　　（单位：cm）

序号	部位名称	部位代号	人体尺寸（160/84A）	加放松量	纸样尺寸（160/84A）	测量方法
1	后中长	L	38	28	66	后中心线测量
2	肩宽	S	39	-2	37	左右肩点水平测量
3	胸围	B	84	16	100	袖窿底点测量
4	胯围				86	腰节线以下13cm测量
5	袖长	SL	50.5		25	袖中线测量
6	袖口				25	摊平袖口测量

3. 结构设计

（1）衣身（图4-13、图4-14）

① 胸围放松量：遵从宽松服装的胸围加放规律，松量追加在侧缝处，且后侧缝的量大于前侧缝的量。同时前袖窿底点的下降量多于后袖窿底点的下降量，前后有区别是为了处理前胸省的胸凸量，这个1cm实际上就成了前袖窿的放松量了。

② 前后领口线：本款式是平领结构，平领作为典型的关门领，其前后领口线都可以在原型的基础上进行适当的变化设计。考虑到本款式整体比较宽松的着装风格，故在前后颈点和侧颈点都适当的开大一些。

③ 前后肩线：由于本款式没有可以处理后肩胛省的分割线，所以前后肩线设计0.3cm的吃势，这在轻薄的面料中已经足够，当然也可以使前后肩线相等，没有任何的吃势也是常

见的。为配合泡泡短袖在袖山头部位的外鼓造型，肩宽一般都是要做减窄处理，这里前肩点收进了 1cm。

④ 前分割线：前育克分割线从肩线开始，以接近于竖直线的方式经过 BP 点的附近然后转为水平方向，使前胸部成为一个完整的育克片。这个育克片设计了 1.5cm 的搭门量，以纽扣加扣眼的方式设计开口方便穿脱，门襟上一共有三颗纽扣，位置均衡分布。前衣身的剩余的胸省量合并，转移到分割线当中。

⑤ 前育克片：前身的育克片可见四条均匀分布的塔克褶。塔克褶的位置之间间隔 1.5cm，每个塔克褶中加入缝制褶裥需要的 1.3cm 余量，这意味着每个塔克褶的深度是 0.6cm。注意塔克褶的倒褶方向，在服装的正面，倒褶从中心倒向侧面的。具体操作样板时可以先按照褶的折叠方向折叠好图中的斜线部分，然后按领口线和育克线的净线清剪这两条曲线以形成顺畅的育克分割。展开加褶后的样板图，如图 4-14 所示。由此可知加了塔克褶的样板在曲线部位是不规则的锯齿形状的，需要指出的是，褶裥的折倒方向不同，形成锯齿形状就会不同。在服装的样板设计和缝纫时，这些褶裥的操作比较繁琐，缝制出整齐匀称的塔克褶外观需要细心加上耐心，也需要一定的经验。在实际的生产操作中，这个育克片的缝份可以预留为 1.5cm，待塔克褶缝制完成并扣烫整齐之后，再以常规缝份 1cm 的育克毛样板来修剪整烫好的育克片成品，以取得精确育克片。这样的操作虽然麻烦一些，但是可以确保服装的缝制质量。

⑥ 前身的细褶量：款式的前衣片显示在育克片的正下方有许多的细褶量，这些褶量是作为装饰褶量存在，没有办法从胸省处转移得到，那就需要人为地切展前衣片样板以增加裁片的松量来获取抽褶量。分别距前中线 3.5cm 和 7cm 处设计两条竖直的切展线，每个切口如图 4-14 展开的塔克褶所示，加了 2cm 的细褶量，同时在前中线处也增加 1.2cm 的细褶量。

⑦ 后衣片：后衣身领口的塔克褶与前育克片的塔克褶设计方法一样，这里不再叙述。塔克褶的车缝长度为 12cm，剩余部分在肩背部以下自然散开，在低腰部位通过松紧带抽缩形成细褶。

⑧ 松紧带位置与工艺：上装中的松紧带位置主要设计在人体的胯部，大约就是中腰围稍上的位置，本案例取腰节线以下 13cm 为松紧设计的上缘，在松紧位置预留 2cm 的宽度，其工艺按图 4-13 中的示意图来设计，即在服装抽缩位置分成上下两个裁片，并在上下边缘各多加 2cm 为图中的重叠量，以此做出空心的管状，然后在其中穿入 86cm 的松紧带，松紧带的长度与衣身裁片的差值就形成了该部位细褶外观。

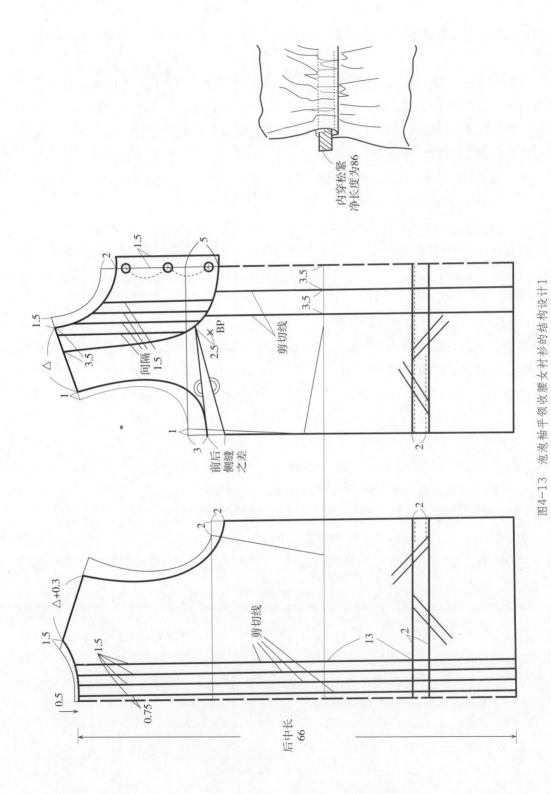

图4-13　泡泡袖平领收腰女衬衫的结构设计1

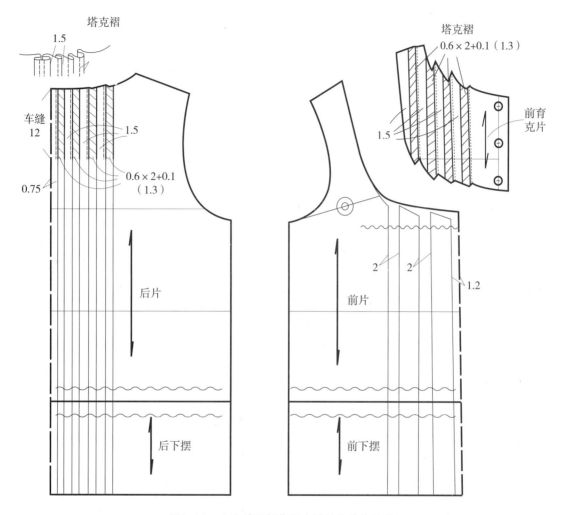

图4-14　泡泡袖平领收腰女衬衫的结构设计2

（2）袖片

袖子的袖山高按照公式 AH/3 或者是 AH/4+2.5cm 计算即可,然后依袖山高确定出袖肥,由于袖口加松紧,所以采用袖口大小与袖肥相等的简单结构。袖山头的抽褶量需要进行切展才能获得。泡泡袖的结构设计方法有很多,其切展方法和位置也有些许不同。这里采用在袖山高的 2/3 处水平切展袖片样板至袖山曲线,然后以袖山曲线与切展线的交点为旋转点拉开前后袖山头样板,直至在袖中线位置产生前后各 5cm 的松量,即袖山头的抽褶量,可以根据对款式的理解和面料的性能等来调整其大小。最后成型的袖片样板需要在袖山部位和切展的旋转点处修顺,并使其袖山曲线在原型基础上适当抬高一些（图4-15）。袖片的袖口抽褶设计与衣身的低腰抽褶设计是一致的，袖口的松紧带长度为 25cm，为一般的大臂围尺寸。如果想采用更简单的工艺来制作袖口抽褶，那么直接在袖口的里侧缝纫一条内贴布，在内贴布和袖片的中间夹入松紧带，然后以明线固定内贴布就可以了。

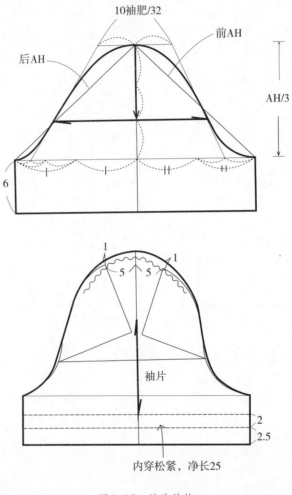

图4-15　袖片结构

（3）平领

领子是经典的铜盆领结构，属于平领造型。结构设计时需要在衣身的前后领口线的基础上来设计平领的样板。如图 4-16 所示，以款式的前后肩线重叠 3cm 对合前后衣片的侧颈点来放置前后衣片的领口线。平领的领底口线在衣片的领口线基础上经过后颈点下降 0.5cm、侧颈点往里移 0.5cm、前颈点下降 0.5cm 来获得。平领的外领口线则完全取决于领子的款式设计。领片按照后中取直丝来取料。由此操作完成的平领会在成型后得到大约1cm的领座量，但是这个量实际上会根据面料的不同而有很大范围的差异，只能是个参考量。

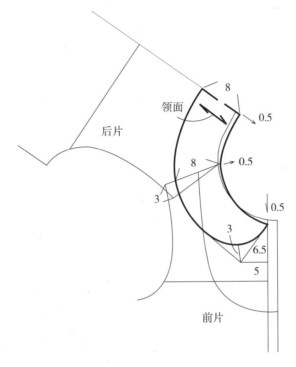

图4-16　领子结构

五、育克式收腰立领女衬衫

1. 款式设计

图 4-17 所示的女衬衫比较适合成熟女性穿着。首先衬衫的轮廓是在宽松款式的基础上设计了育克式分割的宽腰节，并在此育克腰节的上下设计细褶。领子是常见的立领结构，其中立领与深 "V" 形门襟开口联系紧密，左右领片没有相互叠合，而是拉开了不小的距离。后衣身有一水平育克式分割线，分割线的下方也设计了少量的细褶裥。衬衫整体的亮点是立领、门襟和育克式腰节都有绗缝的细密明线装饰，感官上有一定的硬挺度，与衬衫其余裁片的柔软形成对比，形成强烈的视觉冲击。该衬衫款式的袖子是最普通不过的平装袖长袖，袖口采用小开衩，使其更具有女性气质。

衬衫可以选用常见的衬衫用料，如全棉的细平布、碎花布，也可以用一些柔软的悬垂性

前面   后面

图4-17 育克式收腰立领女衬衫

优良的丝绸面料或者是麻纱面料来制作。总之为了形成细密的褶裥,要选用柔软细薄的面料,但这种面料在制作时需要在领子、门襟和腰节等需要纫缝部位的反面粘黏合衬以增加硬挺度和牢度。本款式的另一种选料方案是将需要纫缝的裁片和抽褶裥的裁片分开,采用两种不同的材质。另外,也可尝试两种材质相同,但色彩不一样的面料组合。

2.规格设计

表4-5为育克式收腰立领女衬衫成品规格设计表。

表4-5 育克式收腰立领女衬衫的规格设计　　　　　　（单位：cm）

序号	部位名称	部位代号	人体尺寸（160/84A）	加放松量	纸样尺寸（160/84A）	测量方法
1	后中长	L	38	25.5	63	后中心线测量
2	肩宽	S	39	1	40	左右肩点水平测量
3	胸围	B	84	16	100	袖窿底点测量
4	腰围	W	68	8	76	腰节线水平测量
5	袖长	SL	50.5	9.5	60	袖中线测量
6	袖克夫大				20	
7	袖克夫宽				5	

3. 结构设计

（1）衣身（图 4-18）

① 前后肩线：衬衫除了腰节以育克式收紧之外，其余部位都比较宽松，前肩点适当加宽一点，同时后肩线和前肩线也上抬，遵从后肩的抬高量大于前肩的原则。

② 前门襟：前门襟需要绗缝，外观属于翻门襟结构，搭门取 1.25cm，那么全部的门襟宽度就是 2.5cm，显得相对细巧一些。前门襟的"V"字形开口大小完全取决于对所设计款式的理解，不需要固定的数据，也可以参照图 4-18 中所示数据绘制。

③ 前衣身：本款式的前胸省量分成两个部分，其中 0.5cm（即 2-1.5=0.5cm）作为前袖窿的放松量包含在前袖窿深当中，剩下的部分合并转移到育克式腰节的分割线中，最后成为前衣身的细褶。如图 4-18 中所示完成省道转移之后需要将前衣身的分割线下落 1cm，然后修顺育克式腰节的缝纫线。前衣身腰节处的褶裥大小还可以通过在前侧缝下摆加宽 2cm 来增加抽褶量，当然如果设计中需要的褶裥量很多，那就需要剪切整个前衣身样板来获得。

④ 后肩育克分割线：后肩的育克分割线距后颈点 7cm，先画水平的分割线。后肩线处保留了 1cm 的肩胛省，将这个肩胛省在肩线处合并转移到水平分割线当中，转移之后可以观察到分割线不再水平，而是在袖窿侧上翘了"★"。为了制作有水平线分割线的育克，需要保留原来的水平分割线，多余的"★"量则需要在后衣身处减去。具体参见后育克片和后衣身的完整样板图。

⑤ 前后育克式腰节：前后育克式分割的位置和分割的线形状完全取决于款式设计，但腰节需要适当降低可以增加腰节以上的松量，故样板中侧缝处的 6cm 腰高中，有 1cm 处在腰节线以上，而在腰节线以下是 5cm。"前后腰"的成品大小都是 19cm，这个大小可以根据需要来调整，但是作为上衣，腰节的松量要保证在 6cm 以上，松量过小会降低服装运动的便利性，也会造成穿着的不适感。这与下装的腰围只要 0~2cm 的松量是有本质的区别的。另外，育克式腰节的样板可以采用横丝来排料。

⑥ 后衣身：后衣身的下摆与小尺寸的腰节缝合，再加上直接在侧缝处追加的 2cm 松量已足够产生一定量的细褶了，但是与后肩育克缝合的后衣身上口则没有细褶量。由于后衣身的细褶集中在后中线附近，所以在距后中线 11.5.cm 的位置均匀地画了两条竖直的剪切线，每条剪切线中增加了 3cm 的细褶量，后中增加 1.5cm，这个位置是对称的，实质上总共也正好是 3cm。

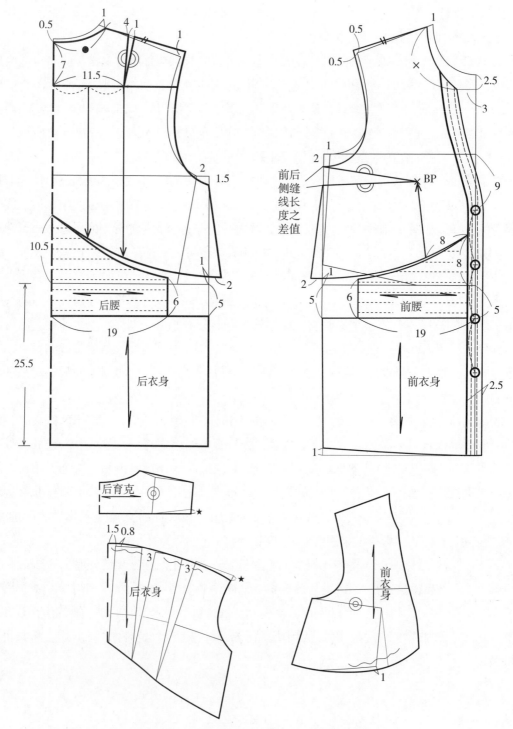

图4-18 育克式收腰立领女衬衫的结构设计

（2）袖片

　　袖子是普通的平装袖，可以按照 AH/3 取袖山高，袖子的吃势保证在 2cm 左右。袖缝线在袖口辅助线处略微收小，袖口与袖克夫大小的差量以与衣身收拢细褶合缝相一致（图4-19）。袖口是小开衩形式，在女衬衫中的小开衩形式有许多种，可以根据喜好选择。

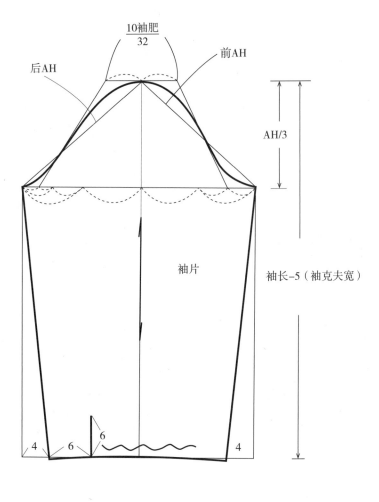

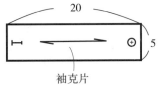

图4-19　袖片结构

（3）立领

立领的设计与男式衬衫中的立领结构设计方法完全一样。这里后领高为 3cm，前领宽为 2.5cm，前领口的形状取决于款式设计（图 4-20）。

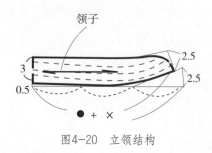

图4-20 立领结构

六、插肩袖喇叭形女罩衫

1. 款式设计

图 4-21 所示的款式既可作为女式长罩衫也可以为短连衣裙。部分女装的分类并没有明确的界限，难免有一些交叉重叠的区域。本款式为宽松的喇叭形轮廓，也称作 A 形轮廓，

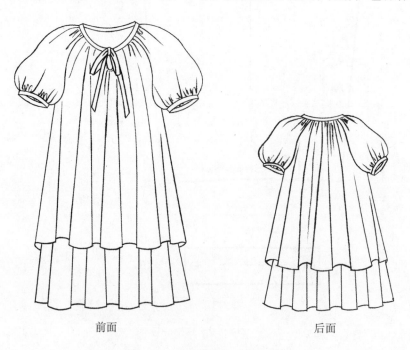

前面　　　　　　　　　　后面

图4-21 插肩袖喇叭形女罩衫

就是指上小下大的轮廓造型。这种轮廓常见于有一定长度的服装设计中，即连衣裙或大衣的款式设计。本款式还有一大特点是有里外两层结构的，且两层的下摆都有较大的波浪褶。本款的领子为大圆领，以滚边包住领口毛边，并利用滚条的剩余部分在前中心作出飘带；袖子为插肩袖，并且是袖山与袖口都抽有细褶的泡泡短袖结构。此款女罩衫的风格简单、飘逸，适合身材苗条的女性穿着，下装可以搭配紧身的铅笔裤或打底裤。

制作本款罩衫，面料的悬垂性是首要考虑的因素，具有优良悬垂性的面料才可显示飘逸的波浪褶，所以有一定重量的麻纱或丝绸类面料为上佳选择。

2. 规格设计

表4-6为插肩袖喇叭形女罩衫成品规格。

表4-6 插肩袖喇叭形女罩衫的规格设计 （单位：cm）

序号	部位名称	部位代号	人体尺寸（160/84A）	加放松量	纸样尺寸（160/84A）	测量方法
1	后中长	L	38	31.5	67	后中心线测量
2	肩宽	S	39		39	左右肩点水平测量
3	外层下摆				170	仅供参考
4	里层下摆				200	仅供参考
5	袖长	SL	50.5		21	袖中线测量
6	袖克夫大				26	
7	袖克夫宽				1.5	

3. 结构设计

（1）衣身

① 后衣身（外层）：因为款式整体需要切展加波浪褶量，所以胸围不需要再增加额外的放松量，直接采用原型的胸围大小即可，在衣身的下摆处适当增加斜度，与喇叭造型相一致。罩衫的后领口处设计细褶，这些细褶渐渐消失于插肩袖的分割线。其样板操作如图4-22所示，后中线和后衣身两根剪切线①和②共三根剪切线。其中：后中线和①剪切线都是上下完全剪开并拉开加量，上口的增加量略小于下口的增加量；而②剪切线的上口与插肩袖的分割线相交，此部位不需要褶裥量，故这根剪切线的上口闭合不动只在下口增加与①剪切线相同的褶量。最后在剪切完成后的后衣身样板上口需要抽细褶的部位标示细褶符号，下口的波浪褶不需要标示。

② 前衣身（外层）：外层前衣身的结构设计与后衣身相类似，但是前片比后片多了一个

胸省的处理。前袖窿底点下降 1cm，因此需要合并转移的胸省即前后侧缝长度的差值，大约在 2.5cm，如图 4-22 所示将此胸省量转移到前领口指向 BP 点的位置，得到图中的前片外层的胸省合并，然后在此图片上再分析款式的细褶设计。结合后片的增加褶量方法，画出③和④两条剪切线，以增加前衣片上口和下摆各自需要的褶裥量。样板剪切以及拉开增加褶量的示意图如图 4-23 所示。

③ 后衣身（里层）：前后衣身的里层虽然可以直接加长外层获得其样板，但是这样得到的样板易臃肿，尤其在服装的领口处，里层和外层都需要抽细褶的处理工艺，缝份会变得很厚，领口滚边则较有难度，美观度也会降低。考虑到这些，里层的样板设计需要重新

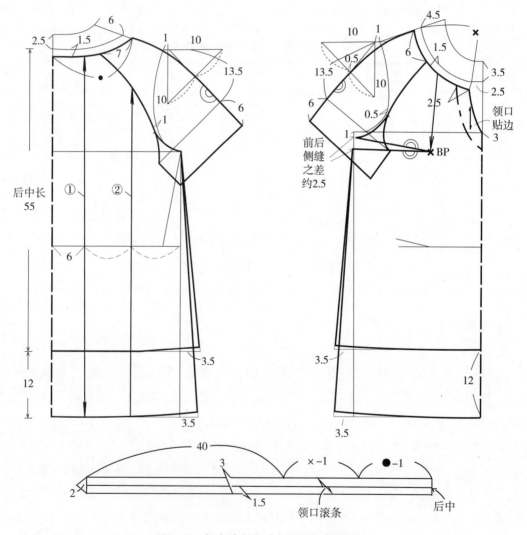

图4-22　插肩袖喇叭形女罩衫的结构设计

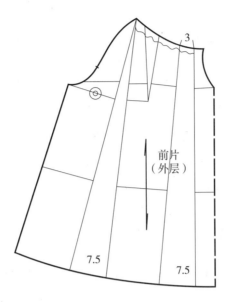

前片
（外层）

3

7.5   7.5

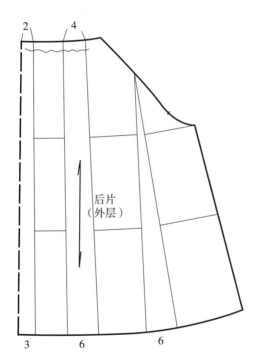

2   4

后片
（外层）

3   6   6

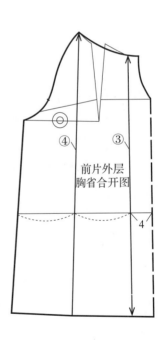

④   ③

前片外层
胸省合开图

4

图4-23　衣身结构1

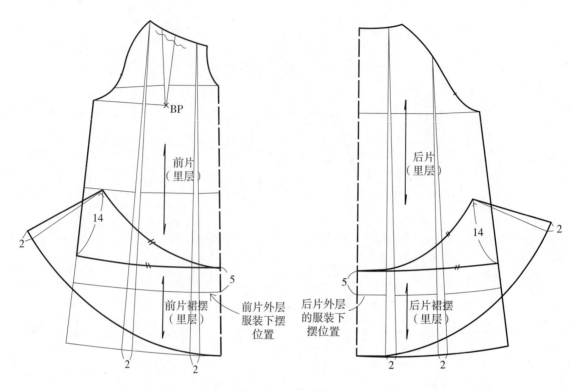

图4-24　衣身结构2

来规划了。"后片（里层）"如图4-24所示，仅在后衣片的剪切线的下口处增加一定的松量，又考虑到这些松量过小不足以形成款式设计中里层下摆呈现出来的大波浪褶，则在外层下摆以上5cm的位置横向分割后衣身，再单独设计一个后片的裙摆，这个裙摆必须能产生较多波浪褶的大下摆，按照图中所示在后侧缝处上翘14cm重新画顺裙摆的上口线和下摆线就可以了，这个上翘量可以根据效果调整，其原理与裙子的结构设计理论是完全一致的。

④ 前衣身（里层）：里层前衣身的样板设计步骤与方法与里层后衣身的完全一样，可以结合"前片（里层）"和"前片裙摆（里层）"的图示操作。

（2）插肩袖

插肩袖的样板设计需要与衣身的肩背部位以及袖窿部位密切地配合，一般直接在衣身旁边绘制样板（图4-25）。虽然插肩袖的绘制方法与装袖类不同，但其袖山高、袖肥等的选择及其变化的原理都是与装袖完全一致的。

① 袖山高：袖山高与袖肥的关系与装袖一致，袖窿弧纹几乎与原型一致，可以选择大约13.5cm作为制图的袖山高，也可以根据袖肥的大小进行一定的调整。绘制插肩袖也可依

袖肥来定袖山高，但在这种情况下，需要注意前后袖片的袖缝是否等长，不相等则必须调整到相等。

② 袖中线：插肩袖的前后袖中线的斜度会影响袖子的运动舒适性，一般可以选择前袖中线比后袖中线的倾斜度更大一点。

③ 袖窿弧线：插肩袖的袖窿弧线取决于款式设计中衣身与袖片是如何拼合的，以确定其线形和位置。但无论怎样，衣片和袖片分割位置的线条等长是必需的，虽然图中对位记号的线条是完全吻合的，但需要检查长度对位记号之后的袖片与衣身分开后的弧线长度是否相等。

本款式为灯笼式的插肩短袖，在袖山头位置有泡泡细褶，故将已完成插肩袖前后片对齐袖中线，并相距 3cm 放置，拼合在一起之后得到最后的袖子样板，袖山头部位得到足够的抽褶量。袖口克夫用滚边工艺，取横丝缕。

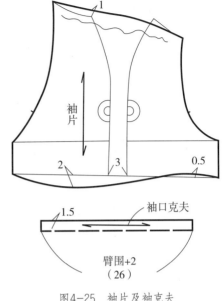

图4-25　袖片及袖克夫

（3）大圆领

① 前后领口：领口是大圆领造型，其领口线的形状和深浅取决于款式。

② 前领中心贴边：处理大圆领的滚条一直缝合到前中线，需要在前中心留出一定的缺口系蝴蝶结，在里侧缝合贴边处理这个缺口的毛边，贴边的丝缕方向与大身同。

③ 领口滚条：处理大圆形领的工艺无非就是滚条与贴边了，本款式因为要在前领中心系蝴蝶结，所以选择滚条工艺。圆弧领口的滚条需要斜裁，利用斜裁面料有一定弹性的特征才能车缝出平整顺畅的领口线。滚条的长度先按照前后领口弧线的长度确定，然后加上足够的系带量就可以了。

七、育克式下摆的连身袖女罩衫

1. 款式设计

图 4-26 所示的女罩衫为上面宽松腰部以下合体的轮廓造型，体现随意轻松着装风格。本款式的领子是横开领较大的船型领，属无领造型。服装的前后衣身有类似肩缝公主线分割，并压明线装饰。袖子与衣身紧密结合，是一个完整的裁片，这种类型的袖子被称为连身袖，

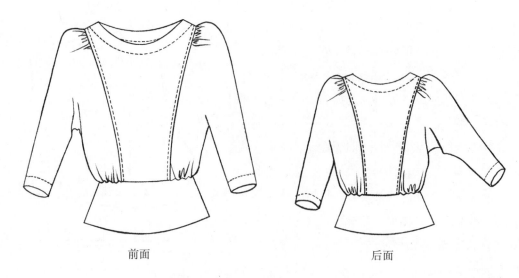

前面　　　　　　　　　　后面

图4-26　育克式下摆的连身袖女罩衫

俗称蝙蝠袖，这种袖子一般需要在袖中线处分割以方便样板的分解。本款式袖子与常见的连身袖不一样的是在肩点设计了许多细褶，为泡泡袖与连身袖的结合。其袖子较短，大约是七分袖的长度，袖口收小，做简单的卷边缝。本款式除了袖子有一定特点之外，其下摆采用育克收小为设计的亮点，育克部分与人体的腰腹部合体度高，但不会影响人体的运动，使整件服装富有设计的变化。

本款女罩衫的面料选择范围较大，纯棉面料、丝绸面料或者化纤面料都非常适宜，而且面料的厚薄上偏向取中厚型面料为佳，面料图案色彩的选择都比较自由，如果在夏季穿着则选用偏薄型面料制作，在春夏或者夏秋之交时节穿着则选择中厚型面料。

2.规格设计

表4-7为育克式下摆的连身袖女罩衫成品规格设计表。

表4-7　育克式下摆的连身袖女罩衫的规格设计　　　　（单位：cm）

序号	部位名称	部位代号	人体尺寸（160/84A）	加放松量	纸样尺寸（160/84A）	测量方法
1	后中长	L	38	19	53	后中心线测量
2	肩宽	S	39	-4	35	左右肩点水平测量
3	胸围	B	84	16	100	袖窿底点测量
4	腰围	W	68	4	72	育克片上口水平测量

（续表）

序号	部位名称	部位代号	人体尺寸（160/84A）	加放松量	纸样尺寸（160/84A）	测量方法
5	臀围	H	90	0	90	下摆设有到腰节处
6	下摆				90	衣身最底边水平测量
7	袖长	SL	50.5	−12.5	38	沿袖中线测量
8	袖口				25	摊平袖口测量

3. 结构设计

① 前后领口线：领子是横开领很大、浅圆弧形的船形领，其结构线根据款式设计绘制即可，但是在结构设计中，此类侧颈点开得很大的领子其后肩胛省一般含在后片的横开领中，即后侧颈点的开量与前侧颈点的开量不一样，后片大于前片一个后肩胛省的量。为了绘图方便可以直接从前后肩点向里取相同的尺寸，本案例是 2cm 来对合前后肩线。

② 前后肩缝公主线分割：本款中的肩缝公主线设计主要是为了满足外观视觉上的需要，因为服装的整体感觉是宽松的，仅仅在分割线处收腰不会有明显的收腰效果。前衣身中的胸省有大约 2.5cm 转移到前面的肩缝分割线中。

③ 前后连身袖：连身袖的袖中线为直接延长前后肩线获得，在原型的肩点起始取 38cm 为袖长，确定袖口辅助线。后袖山部分的肩缝分割线有 1.5cm 的重叠量和 4cm 的往外延伸量，这是为了配合袖山头的抽细褶的结构处理。前片在胸省合并转移之后也往外延伸了 1cm 和 4cm 的量。最后一定要注意复核前后袖片的袖中线、前后的侧缝连袖缝线是否等长，如果有偏差则需要耐心调整至相等，或者采用后片的袖肘部位略微有吃势也是可以的。

④ 前后育克：本款式育克片的穿着部位是在腰腹，要求合体，其实可看作合体裙的一部分，因此需要以裙子的结构设计思路来解决。观察图 4-27 中衣片样板图和育克图可知，衣身的下摆下降了 9cm 画底摆辅助线，而下面育克的设计线是从辅助线以下 5cm 才开始的，当中的差值考虑了服装下摆的自然下垂松量，这部分松量既可以使服装外观轻松随意又可以增加服装的运动舒适性，是必须设计的松量。育克部分的结构设计思路与带横向育克分割线的裙子一样，需要根据腰围和臀围尺寸来确定前后省道的位置和大小，最后将这些省道合并，以形成完整的一片式的前后育克片。最后育克片的丝缕如图 4-28 所示，取横丝，与常见的育克片取料方向相仿。

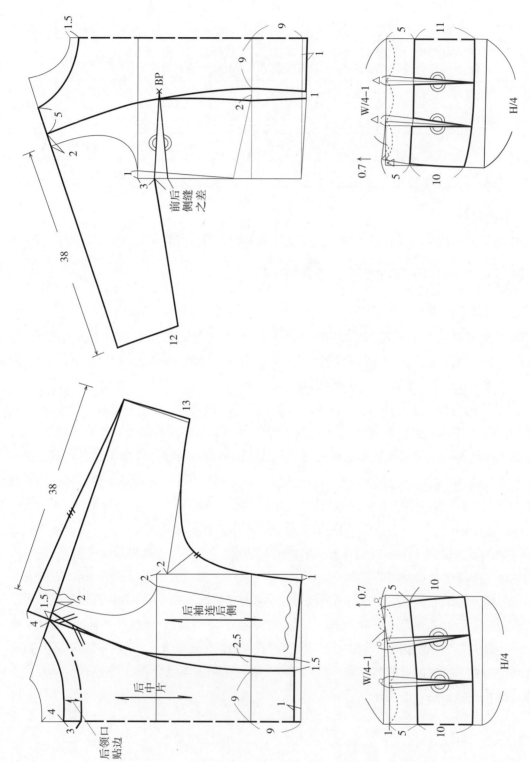

图4-27 育克式下摆的连身袖女罩衫的结构设计1

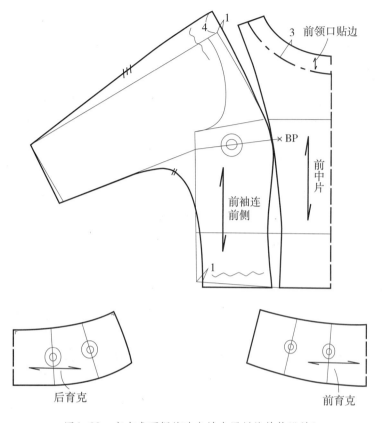

图4-28　育克式下摆的连身袖女罩衫的结构设计2

八、带克夫下摆的暗门襟女衬衫

1. 款式设计

图 4-29 所示的女衬衫为直筒型轮廓，在腰节处微微收小，服装整体较短，属于短上装。门襟为暗门襟设计，这种设计的服装一般最上面一颗纽扣是外露的，最下面的一颗纽扣是藏在门襟里面，但本款式下摆设计了底摆克夫，故下端的纽扣也看得到。领子是立领结构，但领口比常见的立领领口要开大一些，其直立程度不是那么明显，趋向于贴边领造型。衬衫款式的前后衣片上有横向的育克式分割线，同时还在这些分割线中加入褶裥设计，这里的褶裥是活褶。不同于前面经常接触的细褶褶裥，活褶褶裥需要事先设计好所叠褶裥的大小、位置、个数以及倒褶方向等，是有规律褶裥，其表现的是严谨、规范等风格特点。本款衬衫的前片在育克线和下摆各有两个倒向侧面的活褶，后衣身与之相呼应，也有完全一致的设计。本款衬衫的袖子也属于泡泡短袖造型，但与前面的泡泡短袖有很大的区别，首先用

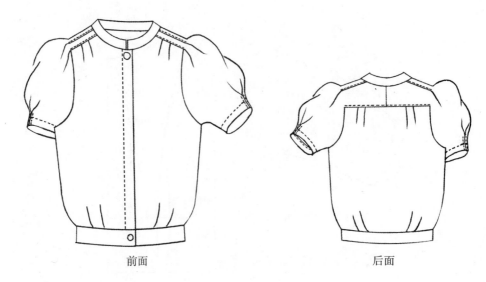

前面　　　　　　　　　　　　　后面

图4-29　带克夫下摆的暗门襟女衬衫

活褶代替了细褶，将袖山头的活褶与衣身的育克分割线结合在一起，袖子没有袖山头，而与衣身拼缝，这就意味着衣身的育克部分与袖片是一个完整的裁片，样板设计具有一定的难度，需要在常规的装袖袖片上做进一步的样板处理才能获得。袖口是通过在袖中线位置的暗褶来完成收小的。

　　该款衬衫可选用料较多，很多常见材料都适合制作。悬垂性好的面料与一般面料都可以制作，会呈现出不一样的着装效果，但手感硬挺的面料应当避免。从图案上考虑最好选择素色面料，这样可以很好地展现服装的分割线和褶裥效果。

2.规格设计

　　表4-8为带克夫下摆的暗门襟女衬衫成品规格设计表。

表4-8　带克夫下摆的暗门襟女衬衫的规格设计　　　　（单位：cm）

序号	部位名称	部位代号	人体尺寸（160/84A）	加放松量	纸样尺寸（160/84A）	测量方法
1	后中长	L	38	22	58.5	后中心线测量
2	肩宽	S	39	-3	36	左右肩点水平测量
3	胸围	B	84	14	98	袖窿底点测量

（续表）

序号	部位名称	部位代号	人体尺寸（160/84A）	加放松量	纸样尺寸（160/84A）	测量方法
4	腰围	W	68		92	腰节线水平测量
6	下摆				92	衣身最底边水平测量
7	袖长	SL	50.5		23	袖中线测量
8	袖口				28.5	仅供参考

3. 结构设计

（1）衣身

① 后衣长：本款式为短上装，其下摆加装了克夫收拢，故衬衫的长度应该确定在臀围线附近，不宜过长或过短。

② 后衣片：后衣片的肩胛处有横向分割的育克线，利用育克线设计了两个倒向袖窿方向的活褶，这两个活褶量在后中心追加。后衣身的下摆也有两个类似的活褶，活褶量的大小根据衣身下摆与后克夫长度的差值来确定，即图 4-30 中的"★"量。

③ 前衣片：前衣片的设计与后衣片类似，在肩部有一条与前肩线平行的育克式分割线。前后侧缝长度的差值作为前衣片的胸省量，将这个量合并转移到育克分割线当中，并分解为两个活褶。前片的下摆与克夫相连，由于在衣身下摆也设计了两个活褶，故需要在前侧缝起翘并延伸 2cm，前下摆与前克夫的差量就是两个活褶量，即图中的"口"量。前片的最后成型样板如前衣片的完成图 4-31 所示。

④ 前后下摆克夫：下摆克夫的结构设计和缝制工艺与袖口克夫完全一致，只不过使用在服装衣身的下摆中罢了。考虑到衣身样板的前小后大，这里前下摆克夫可以适当地小于后下摆克夫。

⑤ 育克片：本款衬衫的育克与袖片的袖山部分是连接在一起，没有常规的袖窿分割线。这种款式在做结构设计时，一般需要按照常规的结构设计思路来进行，就是说需要根据款式特点各自设计好育克和袖片的样板，然后在连接的部位拼接整形，就可以完成最后需要的样板了。这里的后育克片仍然保留 1cm 的后肩胛省量，在合并后肩胛后才与前育克拼接成一完整的育克片。

⑥ 前后领口线：解读款式特点可以断定衣身的领口有较大的开深量，尤其在侧颈点位置，这里前片为 3cm，而后片则为 3.5cm，后颈点和前颈点根据需要适当开深。

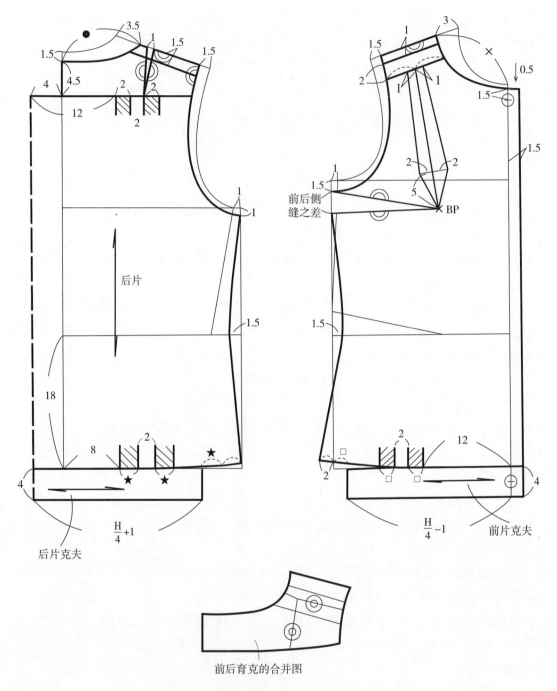

前后育克的合并图

图4-30 带克夫下摆的暗门襟女衬衫的结构设计

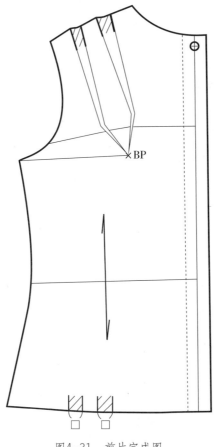

图4-31　前片完成图

（2）袖片

根据款式要求设计出袖片，这里由于袖山与育克片相连在一起，所以吃势就不需要了，否则在拼合样板时会有线段长度的差异。在完成袖片样板之后，对齐育克片的前后肩线与袖子的袖中线，将育克片拼合到袖片上。考虑到袖子的泡泡袖造型，在拼合时可以拉开袖山与袖窿1cm的松量，然后再修正袖片的袖山曲线。最后延长育克片中的活褶位置线至袖片，作为增加活褶量的剪切线。如图4-32所示剪切并拉开袖片和育克片，在各个剪切线当中加入活褶量。活褶量的大小、倒褶的方向具体可参考图4-32。袖口的褶裥与衣身和袖山的活褶不同，是以暗褶形式来收小的，此暗褶属于双褶范畴。

（3）衣领

本款式的立领准确地来说是贴边领，因为衣片的领口线开得很大，是介于立领与贴边

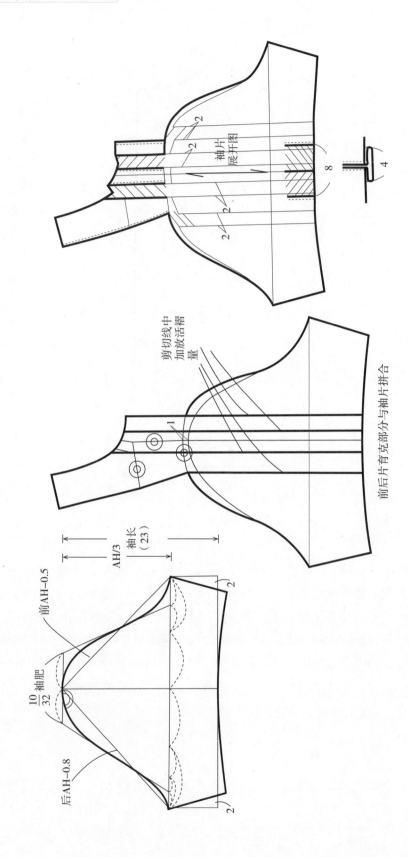

剪切线中加放活褶量

袖片展开图

前后片育克部分与袖片拼合

前AH-0.5

后AH-0.8

$\frac{10}{32}$ 袖肥

AH/3

袖长（23）

图4-32 袖片结构

领之间的领型，在服装中没有明确的命名，可以称之为立领。这类领子的结构设计可以根据贴边领的设计原理往立领方向发展。

　　结构设计时，先在前后衣身的领口线基础上画出贴边领的样板，即图4-33中的贴边领样板，前领中线取3.5cm，后领中线取4cm高，接着在这贴边领中画出三条剪切线，三条剪切线均匀地分布在侧颈点附近，剪切线垂直于领口线，然后沿着剪切线所示的方向剪切领子样板，并在每条剪切线中加入适当的松量，侧颈点加入最大的松量，最后画顺立领的外口弧线即可。剪切线处增加的松量大小决定着立领的起立程度，松量越大其领子结构越趋向于立领，反之越像贴边领，具体松量的大小应该根据款式的需要灵活地调整。

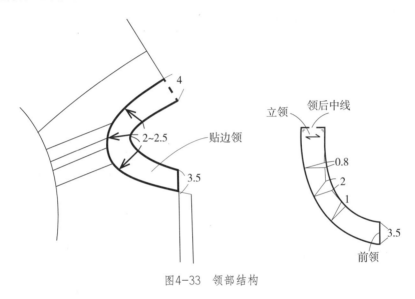

图4-33　领部结构

思考题：

1. 什么是女衬衫？女衬衫是如何进行分类的？

2. 选择制作女衬衫的面料时，哪些性能是需要着重考虑的？并举事例说明。

3. 简述各种常用衬衫面料的性能特征。

4. 如何进行女衬衫的规格设计？

5. 掌握三种不同基本轮廓造型女衬衫的胸围、腰围以及臀围的放松量范围。

6. 掌握女衬衫的胸围放松量与衬衫造型以及样板结构设计的关系。

7. 掌握几款典型衬衫的样板设计方法。

8. 设计两款女衬衫款式，并完成样板设计。有兴趣和精力的同学选择其中一件缝制成成衣并试穿校正样板，同时理解平面样板与服装造型之间的关系。

连衣裙篇

[提　　要]

　　本篇结构与前面所述的女衬衫一样，首先是从连衣裙的基本知识入手，然后讲解连衣裙的分类、面料选择、连衣裙设计中的常见轮廓以及完成此轮廓的内部结构变化等，另外考虑到无领线的领型设计是连衣裙最常用的，故介绍了各种不同的无领线造型；同样，再以一款基本型的连衣裙为实例，详细图解了连衣裙的款式设计、样板设计、面料选用、裁剪排料乃至最后的缝制工艺；最后选择几款有一定代表意义的连衣裙实例，分析讲解了其结构特点，并提供其样板设计的方法。

　　通过本篇的讲解与学习，希望读者理解连衣裙结构设计的基本原理以及款式变化，掌握样板结构变化的调整要点，并在实践的基础上熟悉各种连衣裙的结构设计方法。

[学习重点]

　　1.连衣裙的概念以及用料选择

　　2.连衣裙的常见轮廓以及完成其轮廓造型的结构线

　　3.连衣裙基本款的结构设计以及缝制工艺

　　4.连衣裙款式的变化及其结构设计

连衣裙也是女性独有的服装品种。本篇将全面地介绍连衣裙的种类、常见的款式设计变化以及连衣裙基本款的结构设计要点、工艺缝制流程和方法。

第五章　连衣裙的基础知识

一、连衣裙的概念

连衣裙顾名思义就是指上衣与裙子拼接在一起的一种服装，上下装是以一件服装的概念出现的。连衣裙必定有上衣和裙身，但领子和袖子则根据具体的款式可以是无领、无袖的造型。相对于女衬衫和裙子搭配的造型，连衣裙更加突出其上下统一浑然一体的轮廓。

连衣裙的发展历史最为悠久，最早的古埃及腰衣式紧身裙，可以说是连衣裙的雏形。而古希腊的多利亚与爱奥尼式长衫，又使连衣裙的形式有了进一步的发展，其外形柔美、飘逸，体现出人体自然流畅的优美曲线，提升了古代的服饰艺术。连衣裙的结构随着时代的发展而不断变化，与时代的艺术特征相契合，并成为各个时代文明与艺术的一部分。文艺复兴时期，出现了贴身形式的连衣裙，其结构形式确定了现代欧洲女装的结构基础；文艺复兴鼎盛时期，由于制作服装的材料丰富起来，同时伴随裁剪、缝制技术的进步，更重要的是文艺复兴艺术的发展，对服装载体——人体的立体化认知地逐渐深入，服装的立体构造开始出现变化，男女服装开始出现明显分化了。此时期，为了制作出女裙的造型，开始使用紧身胸衣收腰，使用裙撑做出膨胀的裙身造型，袖子做得又大又鼓，再加上宝石等装饰尽显华丽。这种轮廓将女子的上半身紧紧束缚、下半身则膨胀夸大，使上下形体形成强烈的对比，完成了女性理想形体的造型。这种女式连衣裙的基础造型一直保持到19世纪末，虽然期间有些流行风格上的变化以及细节的不同，但是整体的结构、轮廓以及裁剪的手段并没有大的变化。到了19世纪末的新艺术时期，夸张的造型一去不复返，整体呈摆钟形轮廓的连衣裙开始流行，连衣裙的结构开始简化，尤其是进入20世纪以后，随着科学技术的进步，尤其是广大女士思想上的自由追求，女式连衣裙出现了大的变革，这主要体现在连衣裙开始除去束缚感强的胸衣和累赘的裙撑，流行穿着可展现人体自然曲线美、造型简单的裙装，裙子的长度也首次离开地面，露出双脚。受两次世界大战的影响，女性开始走出家庭，越来越多地参与社会活动，着装也渐渐地摒弃非实用的繁杂装饰，越来越注重服装自身的实用功能。连衣裙裙长边变得越来越短，在60年代，甚至把裙子的下摆设计到了膝盖以上，慢慢地更多超短裙设计出现了。连衣裙的轮廓也不再局限在上紧下松的"X"造型，直筒型、帐篷型轮廓等各种款式都开始出现，女装终于进入了现代服装时代了。

这里值得强调的一点是虽然现代女装种类众多，形式也多样，着装者有很大的选择范围，同时现代女性也崇尚自我、张扬个性，但是由于连衣裙在女装尤其是欧洲女装中的重要历史地位，女性出席如晚会、宴会、典礼等重要场合，需着连衣裙形式的服装入场还是西方社会至今为止都遵从的着装礼仪。

二、连衣裙的分类

连衣裙的种类繁多、变化丰富，可以说是女装中最富于变化和意义的一类服装，其应用范围也是最广阔的。从最奢华繁复的高级晚礼服一直到最简朴随意的睡裙都是采用连衣裙的结构形式，这正是由于连衣裙这种上衣和下裙的组合给予了服装设计师最大的发挥空间。连衣裙的分类会根据其结构、用途、材料以及加工工艺等不同划分为多种类型。根据连衣裙轮廓的不同可以划分为直筒型、合体的喇叭形、梯形以及倒梯形；根据有无腰部分割线又可分为连腰型连衣裙和接腰型连衣裙等类型。

三、连衣裙面料的选择

连衣裙的面料选择跟其他服装品种的选择是一样的，最主要还是基于服装的穿用季节，其次是面料的性能是否能很好地展现款式设计所要表达的风格特点。把握以上两点并结合季节和款式特征的面料选择原则。绝大多数的连衣裙是夏季连衣裙，其用料选择就可以参见女衬衫的用料选择。夏季用料一般首选薄、软、透气透湿性能好的。

丝绸类的电力纺、乔其、双绉、绢纺都能满足这样的要求，不仅服用性能好，同时还有优良的悬垂性能，可以根据具体的款式来选择相应的丝织品。其次纯棉以及棉混纺类的薄型织物也是可以考虑的，此类织物的主要优点是轻薄凉爽，服用性能好，但悬垂性不佳，因此要根据具体的款式来考虑。麻织物被人们称作"夏季之王"，备受人们的喜爱，其中亚麻是夏季使用的常见原材料，优点就是触感凉爽，透气透湿性能为所有面料中最好，悬垂性也不错，但是抗皱性能差，洗涤保养麻烦。

夏季的连衣裙还可以选择一些化学纤维，尤其是以涤纶纤维为原材料纺织的仿真丝织物。此类面料具有悬垂性能好、挺括、不易起皱，以及洗涤保养容易等优点。当然其缺点就是透气性、透湿性较差，炎热的夏季穿用有闷热感。

除了以上提到的一些常规夏季连衣裙用料之外，黏胶纤维和莫代尔纤维也适合作为连衣裙的选用面料。

春秋穿用连衣裙相对较少，此时的连衣裙可以单穿，但是更多地是与外套搭配穿用。其面料选择可以参照一般的轻薄型套装的面料。由于季节的关系，对面料的服用性能要求降低，而将选择重点放在面料的造型性能是否能完成款式设计的要求上。一般来讲，套装类面料的首选是毛织物，较常见的是指羊毛织物，其具有较好的弹性、吸湿性和保暖性，手感好并且拥有柔和的光泽，是公认的中高档服装用料。当然，部分天然纤维和合成纤维混纺而成的混纺织物也是套装面料的理想选择。

总之，连衣裙面料的选择范围很广，无论是选择天然纤维、化学合成纤维还是混纺织物，都应该根据连衣裙的款式设计风格、穿着目的、季节，以及穿着状态等有针对性地选用，不能一概而论。

第六章　连衣裙款式设计的变化

从连衣裙的定义中不难看出连衣裙的局部结构肯定要有上衣和下裙两个部分，有时还需要搭配合适的领子和袖子。当然，无领无袖的连衣裙造型也是经久不衰，经常作为高级礼服的款式选择。由此可见，连衣裙的轮廓造型与上衣和下裙的组合方式是设计连衣裙的重中之重。这里就侧重从这两个方面来认识连衣裙款式的设计变化。

一、连衣裙的轮廓变化设计

连衣裙的长度较长时，可以更好地诠释服装轮廓的设计变化。按外形轮廓对连衣裙进行分类，可以分为直筒形、合体的喇叭形、梯形以及倒梯形四大类（图6-1）。轮廓的获得需要连衣裙内部结构线的配合，不同的结构线可以是横向分割线、纵向分割线、斜向分割线、甚至是曲线分割线等，这些富于变化的分割线设计正是连衣裙款式设计的精华所在。

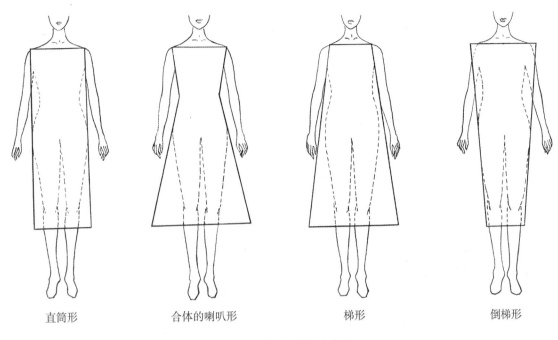

直筒形　　　　　合体的喇叭形　　　　梯形　　　　　倒梯形

图6-1　连衣裙的轮廓变化

1. 直筒形

直筒形又称为箱形轮廓或 H 形，比较宽松，为不强调人体曲线的一类服装轮廓。由于这类轮廓的服装结构设计简洁，侧缝线为直线或仅在腰节处略微的收紧，最后成型的服装往往具有随意的着装风格，常常用在衣连式睡裙或运动型服装的轮廓造型。当然，曾经在第一次世界大战之后，该种类型的连衣裙由于女性开始频繁出现在社会活动中，着装风格也越发简洁、男性化变得非常流行。

2. 合体的喇叭形

合体的喇叭形实质上就是常说的"X"形，其特点为上身贴合人体，腰线以下的裙子呈现喇叭造型，这种轮廓是连衣裙中最基本的轮廓造型，其流行贯穿于连衣裙流行史。这种造型之所以能一直位于服装流行的前沿是因为其最能反映女性婀娜多姿的身段，在西方的女装发展中曾利用各种工具手段如胸垫、裙撑等来加强服装的"X"型轮廓。

3. 梯形

如果用英文字母来表达梯形轮廓的话，最确切的就是"A"了。具体到服装设计中，这种轮廓就是肩宽设计较窄，从人体的胸部开始自然加入一些波浪褶的量，形成宽大的底摆，整体呈现上小下大的梯形轮廓。这种轮廓可以完全包住人体并且能够遮掩人体真实曲线的经典轮廓，因此这种轮廓在日常服装中不多见，如果有流行基本上也是属于昙花一现的情形，但是在童装和孕妇装中这种轮廓是最常用结构造型，这主要是由这两类服装着装者的特殊体型而决定的。

4. 倒梯形

与倒梯形相对应的英文字母则是"T"，呈现的是上大下小的轮廓结构。具体到服装结构的处理上，一般是利用垫肩等夸张肩部造型，然后底摆方向的衣身慢慢地越来越窄，整体呈现倒立的梯形轮廓结构。标准女性体是胸围小于臀围的上小下大的轮廓特征，而标准的男性体是胸围大于臀围的上大下小的轮廓，所以倒梯形轮廓的服装并不是特别适合女性穿着，不会成为常见的女装轮廓，但由于其具有男性化的特征，在特定的历史时期也可以成为流行，例如在20世纪80年代末90年代初，曾经在世界范围内流行过倒梯形结构的女上装和连衣裙。

二、连衣裙的分割线设计

连衣裙的分割线主要有纵向分割线、横向分割线以及斜向分割线，通常应用在合体的喇叭形轮廓造型中，又以纵向和横向分割线最为常见，这里主要讲述这两种类型分割线在连衣裙款式设计中的应用。

1. 连衣裙纵向分割线设计

连衣裙的纵向分割线设计属于连腰型连衣裙范畴，其纵向分割线往往能够融合女体的省道结构，所以纵向分割线可以很好地塑造出女性优美的轮廓，在女性服装中有着最广泛的应用（图6-2）。服装的合体度越高其分割线就越多，且分割线的位置也越受到人体体型结构的制约。

① 中心线分割：中心线分割就是只在服装的前后中心线的位置加入一条分割线的设计，其将连衣裙划分成左右两片，与前面所学的衬衫的常用分片形式是一致的。这种分割形式由于不能很好地处理女体的胸腰以及腰臀差量，一般适合应用在箱形轮廓的设计中，当然如果配合了恰当的前后腰省那就可以转变为合体的喇叭形轮廓。

② 袖窿公主线分割：公主线是一种为使服装合体且能充分展现女性凹凸有致的优美体型而设计的一类纵向分割线。公主线依据起始位置的不同又有几种表现形式。袖窿公主线就是指从前后衣身的袖窿部位开始，经过人体BP点附近，腹凸区域（臀凸区域），一直到底摆的分割线。公主线分割是塑造合体喇叭形轮廓最有效的造型手段。连衣裙经过公主线的分割，其合体度增加，胸部凸起、腰部收紧、底摆自然放宽，形成自然优雅的轮廓造型。

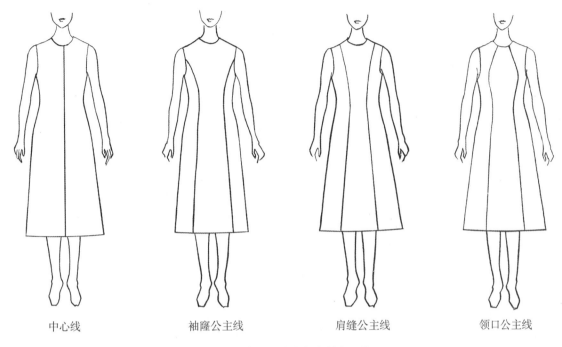

| 中心线 | 袖窿公主线 | 肩缝公主线 | 领口公主线 |

图6-2　连衣裙的纵向分割线设计

公主线是女装中应用最为广泛的分割线，也适合多种体型。

③ 肩缝公主线分割：与袖窿公主线类似，只是分割线从人体的肩缝起始，一般会选择肩线的中点作为起始点。相比袖窿公主线，肩缝公主线能处理后片的肩胛省，因此为合体程度更高的纵向分割线设计。

④ 领口公主线分割：与前面所述的公主线一样，只是从领口开始分割的纵向分割线。

2. 连衣裙横向分割线设计

连衣裙的横向分割线将连衣裙分成上衣和下裙两部分，可称为接腰型连衣裙。接腰型连衣裙又根据分割线位置与人体的腰围线的距离来进一步细分，如果高于人体腰围线就被称作是高腰线分割,反之就是低腰线分割。连衣裙的横向分割使得其结构变化灵活,款式多样（图6-3）。

① 标准腰线分割：标准腰线分割就是指在人体的自然腰线处进行分割的横向分割线，其位置就在服装正常腰围附近，这种结构是连衣裙最常见的类型。将原型的上衣和下装裙子缝制在一起就是一款最普通的腰部分割型连衣裙了。当然在具体款式的设计中，可以改变连衣裙的轮廓以及裙子的长度比例，还可以搭配不同的领子、袖子等以得到多种不同的款式。

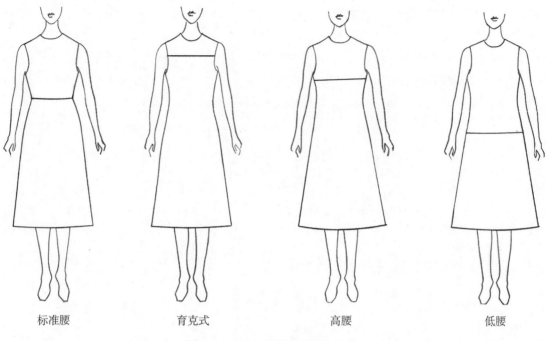

标准腰　　　　　育克式　　　　　高腰　　　　　低腰

图6-3　连衣裙的横向分割线设计

　　② 育克式分割：育克式分割的位置较高，一般高于人体的胸围线，由于此部位的分割线没有经过女体的凹凸变化明显的部位，故一般难以转移腰省省量，如果需要得到合体的连衣裙，还需要配合腰省或者是纵向分割线。

　　③ 高腰线分割：高腰线分割是位于人体腰围线和胸围线之间的分割线，也称为帝国式分割线，这是因在拿破仑帝国时代风靡的高腰合体直线型的帝王装而得名的。这种腰位设计有增加人体身高的视觉效果，多适用于腰部较为合体的连衣裙造型或者是腰部有育克设计的连衣裙款式。

　　④ 低腰线分割：低腰线分割是指腰围分割线移至人体标准腰等线以下。值得注意的是，这条分割线往往会有形成立体造型的作用，所以低腰分割线的位置一般不能低于臀围线。低腰分割之后使得服装的上衣拉长，这就应该特别注意上衣与下裙的长度比例与整体平衡的关系。低腰线的分割非常适合设计合体的连衣裙款式，以体现女性苗条的造型风格，低腰线分割以下的裙身可以为喇叭裙、碎褶裙或是百褶裙等。

三、连衣裙领口线的设计变化

与其他女装品种相比，无领结构被大量地应用在连衣裙的款式设计中，主要还是因为大部分的连衣裙为夏季穿用的服装品种，无领简洁清爽正是连衣裙所希望表现的风格特点；另外连衣裙作为礼节性较高的女装品种，适合在某些重要场合穿用，大开口的无领设计能完美体现颈部弧线，因此成为首选，逐渐就形成了很多连衣裙采用无领的设计现状。列举部分适合应用于连衣裙设计中的无领名称及其结构线的形态特征，如图6-4所示。

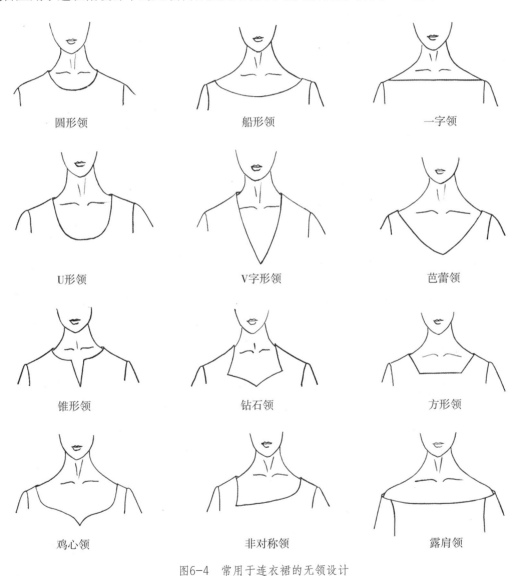

图6-4　常用于连衣裙的无领设计

第七章　连衣裙基本款的结构设计及缝制工艺

连衣裙的基本款是连衣裙造型的基础，可以作为设计不同款式连衣裙样板的基础。根据前面所述，连衣裙根据上衣和下裙的连接方式分别有连腰型连衣裙和腰部分割型连衣裙两种类型的基本款。在这里选择与前面女衬衫联系更为紧密的腰部分割连衣裙的基本款来展开连衣裙的样板设计及缝制工艺。连腰型连衣裙的样板设计在后文阐述。

一、款式设计

较为常见的连衣裙如图7-1所示，也属于连衣裙的经典款式。本连衣裙属于合体型轮廓，前衣片设计一个腋下省以适合女性胸部突出的体型特征，前后腰节位置各自设计前后腰省来完成合体轮廓的收腰要求；裙身前后各自设计了与上衣对合的腰省，裙子下摆略大于臀围，形成小 A 轮廓以满足人体日常活动的要求；在后中缝设计隐形拉链以方便连衣裙的穿脱；连衣裙的领子为常见的大圆领结构；其袖子就是常见的衬衫类短袖。观察连衣裙款式特点可

前面　　　　　　　　后面

图7-1　连衣裙的基本款式

知，其松量与结构整体都与原型相似。

此款连衣裙适合在夏季或者春夏、夏秋之交时穿用，其面料宜选用有一定厚度的中厚型为佳。纯棉或是棉与化纤的混纺织物是此款连衣裙面料的上选，当然薄型呢绒类的毛织物以及毛混纺织物也是不错的选择，还可以选用涤纶等化纤织物，如果选用一些薄型的丝织物或仿真丝织物则会完全改变款式的整体风格。

二、规格设计

连衣裙的规格以中号型 M160/84A 所规定的人体尺寸为依据来进行连衣裙的规格设计。本款连衣裙基本款成品规格设计表如表 7-1 所示。

表7-1　连衣裙基本款规格设计　　　　　　　　（单位：cm）

序号	部位名称	部位代号	人体尺寸（160/84A）	加放松量	纸样尺寸（160/84A）	测量方法
1	后中长	L			96	后中心线测量
2	肩宽	S	39	0	39	左右肩点水平测量
3	胸围	B	84	8	92	袖窿底点测量
4	腰围	W	68	6	74	腰节线水平测量
5	臀围	H	90	6	96	腰节下20cm水平测量
6	下摆					取决于臀围大小
7	袖长	SL			16	袖中线测量

三、结构设计

1. 衣身

（1）胸围放松量：此款衬衫作为连衣裙的基本型，各个部位的设计与原型结构一致。胸围的放松量为 8cm，属于合体连衣裙的松量选择。与原型的 10cm 松量相比较少了一些，由于后侧缝收小约 0.5cm，后片的腰省大约也会减少 0.5cm 的松量；前衣片的松量与原型一致。

（2）后中长：后领口下降了 1cm，上衣与下裙的分割线就设在原型的腰节线，但是裙子的后腰口弧线根据人体的体型特征需要也下降了 1cm。后腰口弧线要下落原因以及影响下落量的大小的因素可以参照裙子原型结构设计相关章节的理论分析。裙子的下摆在膝盖附近，直接采用原型裙的长度 60cm。

（3）前胸省：合体度较高的女装前衣片，其胸省的设计量一般也较大，这里胸省的取值是"前后侧缝之差"，根据图 7-2 样板图计算求得，实际上对应的值大约为 3.5cm。省道位置在袖窿底点以下 5.5cm 处，省道中心指向 BP 点并使省尖距 BP 点 2cm。

（4）前后腰省：连衣裙根据需要在腰节处加放适当的松量，但这个松量与半身裙的腰围放松量可为零情况不同，连衣裙的腰围放松量至少应该有 6cm。因为在人们的日常活动中，人体会随着动作而改变皮肤的伸展，而连衣裙也会跟着人体的运动而改变位置。例如，一个简单的抬举胳膊活动，则人体腋下伸展，连衣裙也会跟着上移，此时其腰节线就会上升，高于人体的实际腰节线，这样连衣裙的腰围大小就直接制约了人体胳膊的抬升程度。所以如果连衣裙腰围的放松量过小，就会束缚着装者的正常生活，这应当避免。图 7-2 中连衣裙的腰省大小根据设计好的松量，在前后片分配。这里后片按制成之后腰围大"W/4+1.5（松量）-1"取值，多余的"★"为后腰省的省量大小；同理前片按照制成之后腰围大"W/4+1.5（松量）+1"取值，多余的"⊠"为前腰省的省量大小。后腰省距后中线 9cm，前腰省距前中线 8cm，与原型位置接近。

（5）前后领口线：本款式是圆领，大的圆领有优雅的视觉效果。考虑到本款式是连衣裙的基本型，不宜把领口线开得过大，故前后侧颈点仅开大 2cm，相应前领口下落 1cm，后领口也下落 1cm。

（6）前后肩线：本款连衣裙没有设计肩胛省，那么后肩省 1.5cm 的量直接在后肩线的长度中减去，使前后肩线能够缝合，差值 0.3cm 可以作为吃势量。

（7）前后袖窿弧线：本款式的前袖窿线没有变化，维持了原型的情况，后袖窿由于后肩点和后袖窿底点的微调，参照原型后袖窿的形态画顺后袖窿弧线。

（8）前后领口贴边线：无领的领口需要加装贴边来完成领口线的设计。领口贴边的大小一般在肩缝处取 3cm，前中心也取 3cm，画出与前领口线相近的前领口贴边线；后领口贴边后中处取 5cm，与后肩线处的 3cm 画顺，图 7-2 中用点画线表示前后领口贴边样板。

（9）臀围位置辅助线：单独的下裙中，女装 M 号型（160/68A）的腰长取 18cm，这并没有考虑过裙子腰头宽度所占据的腰长尺寸。由于本款式为连衣裙，下裙的腰节线直接与上衣的腰节线相接，中间并没有腰头，所以连衣裙的腰节长取 20cm 较为合理，否则臀围辅助线会略高于人体实际的臀围线。

（10）臀围放松量：下裙的臀围放松量一般取 4cm 就可以了，这里适当增加一些，为 6cm，平均分配到前后片的臀围辅助线中。

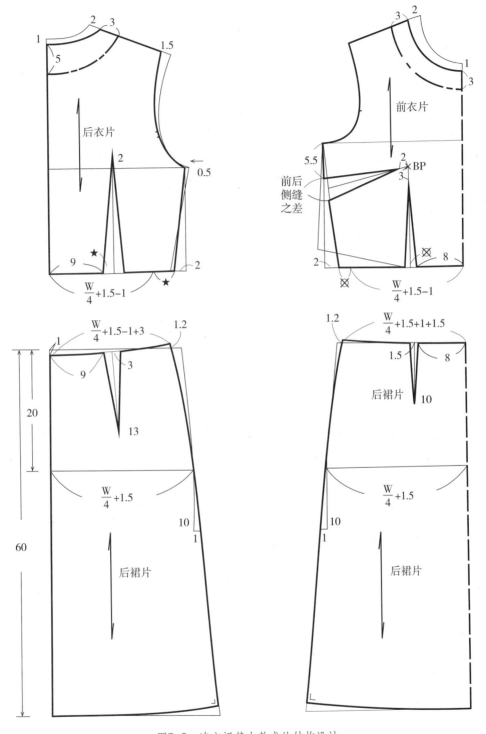

图7-2 连衣裙基本款式的结构设计

（11）前后侧缝线：分析款式，连衣裙的裙身属于小 A 造型，这里就可以直接利用小 A 裙的样板设计方法来设计裙子的侧缝和下摆。

（12）前后腰节线：与小 A 裙的前后腰口线设计一样，但需注意下裙与上衣的省道位置要一一对应，不能错位，否则对连衣裙的外观美有一定的影响。

2.**袖片**（图 7-3）

（1）袖山高：此款连衣裙的合体度较高，可以选比一般衬衫袖稍高的袖山高，以改善袖子的合体度。这里依公式"AH/4+3cm"来确定袖山高。

（2）袖肥：在袖山高已经确定的情况下，袖肥也就间接地固定了。

（3）袖长：本款式是短袖，短袖的袖子长度选择余地很大，主要取决于款式特征。本款式整体合体度高，不适宜设计中长长度的短袖，故取 16cm 的袖长，是较短的短袖。

（4）袖口：短袖的袖口略微收小，并在前后袖缝处适当下落已取得袖口连接的顺畅。

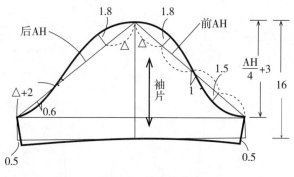

图 7-3　袖片结构

最后，本款式的衣片丝缕而言，不论上衣、下裙还是袖片都按照图示经纱方向来排料裁剪。

完成净样板之后，涉及样板对位、样板修正与复核的流程参见衬衫篇的基本款式。

四、样板的放缝

将连衣裙的净样板进行缝头的加放，如图 7-4、图 7-5 所示。

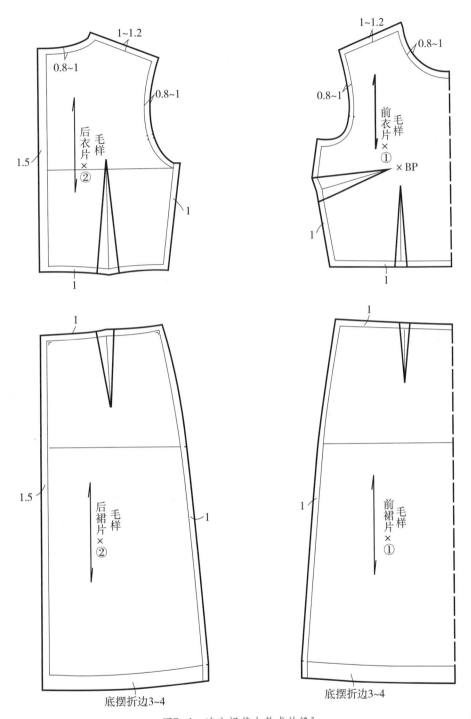

图7-4　连衣裙基本款式放缝1

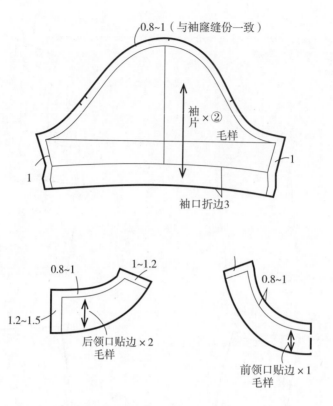

图7-5　连衣裙基本款式放缝2

五、黏合衬样板的设计

　　本款连衣裙需要黏合衬的位置即前后领口贴边，其样板与前后领口贴边的毛样板一样即可。

六、排料图

　　针对此款连衣裙来的排料（图7-6），144cm幅宽的面料并不适合单裁单做的定制加工，选择114cm幅宽的面料更为经济，能大大地提高面料的利用率。

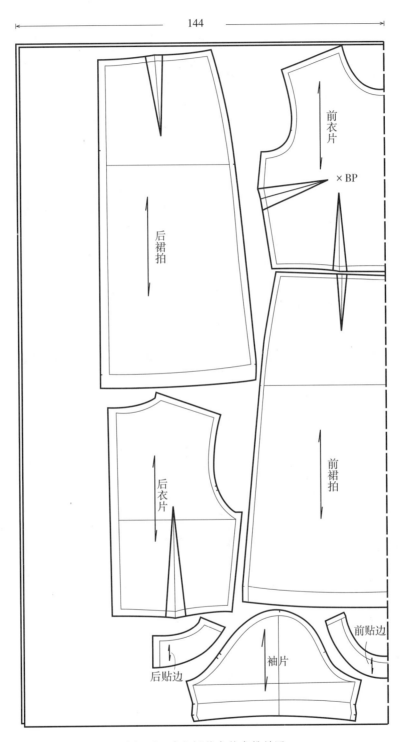

图7-6 连衣裙基本款式排料图

七、缝制工艺

以图示方式按照缝制工艺流程详细解说连衣裙的缝制工艺。

1. 缝合前后衣片省道（图7-7）

本款连衣裙适合在春夏或夏秋之交穿着，选择有一定厚度的面料，因此连衣裙的缝头可以采用分缝工艺。如果是用轻薄面料设计与制作的夏季连衣裙，其缝头采用合缝工艺比较好。

本款连衣裙是分缝工艺，需要在缝合之前包缝，在服装缝制的实际操作中，一般是将一件衣服所有的裁片在缝制的最开始就将需要包缝的部位处理妥当。这里由于受到图片展示的限制，只能是一个裁片一个裁片进行说明。

前后肩缝、前后侧缝均包缝。车缝前后腰省以及前腋下的胸省。缝合完成后，按图7-7所示方向扣烫省道。省尖可以不用打重针，而是采用留下较长的缝纫线，并打死结以防脱散，这样做的好处是缝制完成的省尖比较平整美观。

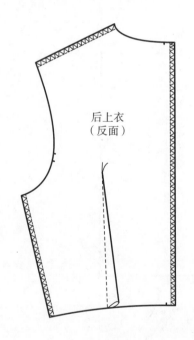
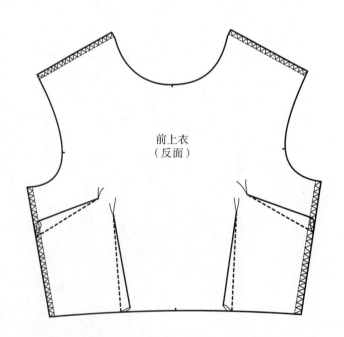

图7-7　缝合前后衣身省道并包缝

2. 缝合前后侧缝及肩缝

缝合前后肩缝以及前后侧缝，然后在长烫凳上分缝烫平（图7-8）。

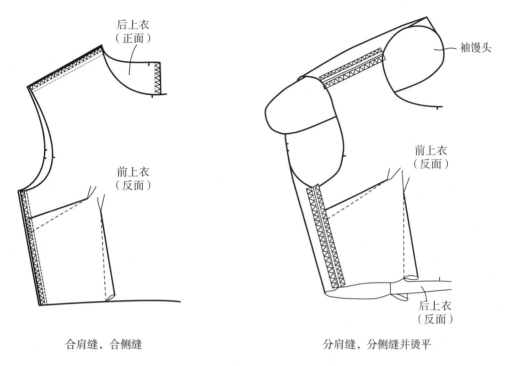

后上衣
（正面）

前上衣
（反面）

合肩缝，合侧缝

袖馒头

前上衣
（反面）

后上衣
（反面）

分肩缝，分侧缝并烫平

图7-8　缝合前后侧缝及肩缝

3. 缝合裙子的前后腰省并包侧缝

车缝裙子的前后腰省，并按图7-9所示方向扣倒省道并熨烫平整，这里要注意省道的倒向需要与上衣的腰省倒向一致。

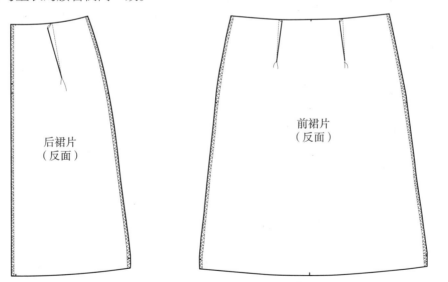

后裙片
（反面）

前裙片
（反面）

图7-9　缝合前后裙片的腰省并将前后侧缝包缝

4. 缝合前后裙片及后中缝

车缝裙子的前后侧缝，缝合好之后分缝烫平。后中缝以 1.5cm 的缝头缝合并分缝烫平，缝合的起始点为后中拉链的止点，这个点一般取在臀围辅助线或其稍上的位置（图 7-10）。

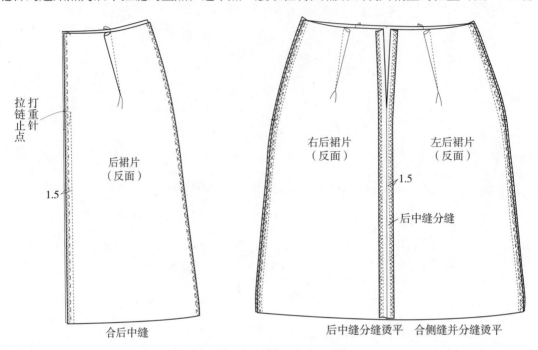

图7-10　缝合前后裙片并后中缝

5. 卷边缝下摆

裙子的下摆处理工艺有两种：一是卷边缝，二是用三角针扦下摆。如果采用卷边缝，则下摆没必要包缝，如果是扦下摆，则下摆边需要包缝（图 7-11）。

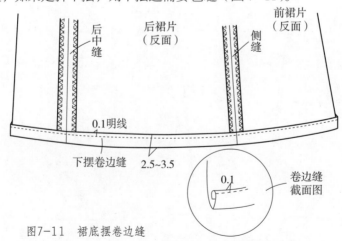

图7-11　裙底摆卷边缝

6. 缝合上衣和下裙

对齐前后腰省的位置以及侧缝线，将上衣与下裙在腰节处缝合在一起，缝好之后一起包缝，然后将缝头往上衣方向扣烫平整（图7-12）。

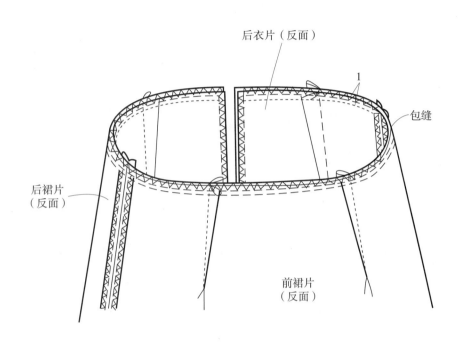

后衣片（反面）

1

包缝

后裙片
（反面）

前裙片
（反面）

图7-12 合缝上衣和下裙

7. 绱后中拉链

（1）绱拉链一直都是服装工艺中的难点，要想完成外观平整且美观的拉链工艺不仅需要细致和耐心，也需要一定的方法与辅助工具。为了能成功地将拉链绱好，首先将拉链的宽度用划粉对称地标记在后中缝头上；接着将隐形拉链正反相对（拉链和服装都是反面朝上）按图7-13所示对合好拉链边缘与上一步所做的划粉标记，然后以手针缝合固定拉链的两侧与后中缝头，直到拉链的开口止点，注意开口止点要高于拉链锁头2cm以上。

（2）拉开拉链，用专用的隐形拉链压脚依次车缝固定拉链与后中缝头至拉链的开口止点。注意观察拉链在衣片的放置位置，绱拉链的缝线要在后中缝头上且紧靠拉锁的位置。

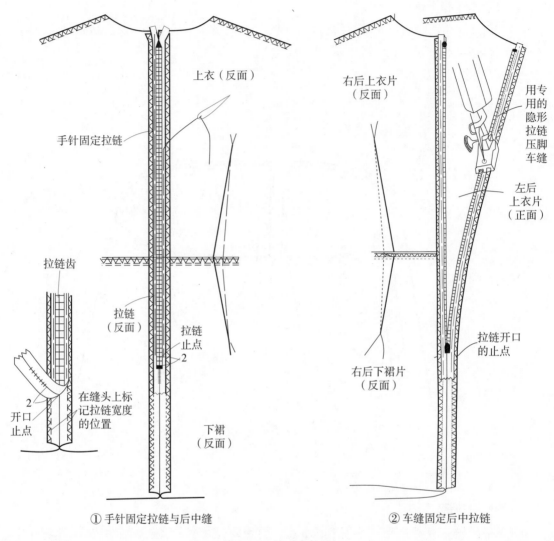

① 手针固定拉链与后中缝　　　　　② 车缝固定后中拉链

图7-13　绱后中拉链

8. 做领口贴边（图7-14）

（1）前后领口贴边反面粘衬，后领口贴边的后中缝头清剪留0.5cm，衬粘好后再包缝贴边外口线。

（2）前后领口贴边，缝合肩缝，并分缝烫平。

（3）后贴边的后中缝虽然只留了0.5cm的缝头，但这里还是以1cm的缝头折光，并扣烫平整。

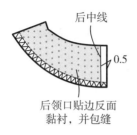

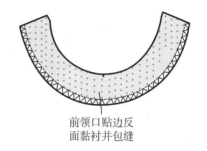

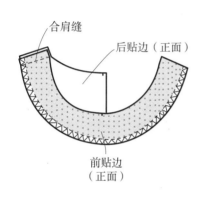

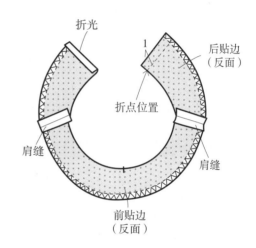

图7-14　做领口贴边

9. 做领口（图7-15、图7-16）

（1）领口贴边与上衣的领口正面相对，对齐肩缝、前中点、后中点等刀眼位车缝固定，注意车缝时将后中缝头折反放到最上层，然后从后中位置开始车缝，车缝的起始与结束都要打重针固定。车缝完成后，仔细检查左右两侧的拉链起始位置是否完全对称且对齐，在确保缝制质量优良的前提下，将缝头清剪到 0.5cm，并在弧形领口的缝头上打所需的刀眼。

（2）将领口翻到正面，使刚刚缝合的缝头分开，并在贴边上压缝距离缝口 0.1cm 的明线，这条压缝的明线可以使上衣的领口止口吐出大约 0.1cm 的里外匀量，以确保服装的缝制质量。扣烫领口弧线使其圆顺流畅，然后在肩缝处手针固定贴边与肩缝，在后中处也以手针缝住贴边与拉链。

（3）最后在拉链的最上端钉上钩子以保证拉链开口的闭合。

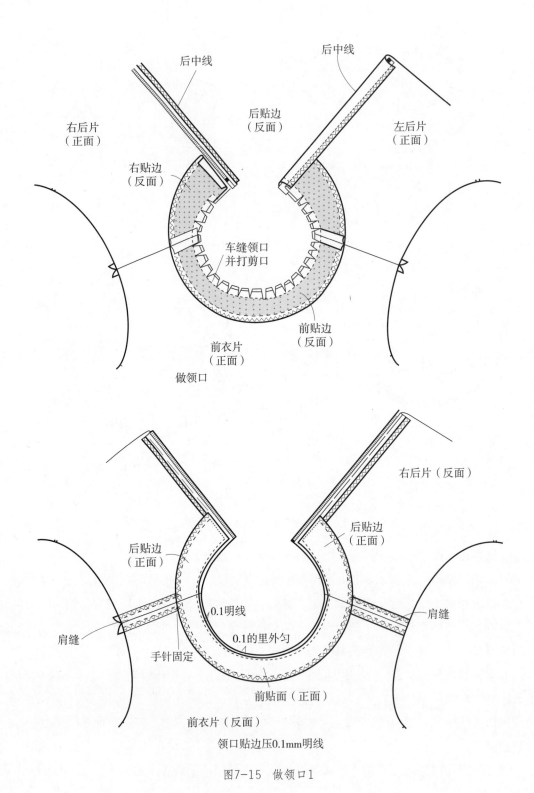

后中线

后中线

右后片
（正面）

后贴边
（反面）

左后片
（正面）

右贴边
（反面）

车缝领口
并打剪口

前贴边
（反面）

前衣片
（正面）

做领口

右后片（反面）

后贴边
（正面）

后贴边
（正面）

肩缝

0.1明线

肩缝

0.1的里外匀

手针固定

前贴面（正面）

前衣片（反面）

领口贴边压0.1mm明线

图7-15　做领口1

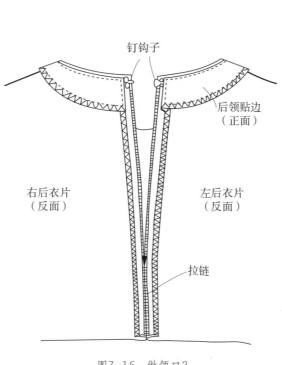

钉钩子

后领贴边
（正面）

右后衣片
（反面）

左后衣片
（反面）

拉链

图7-16　做领口2

10. 做袖子

（1）袖子的前后侧缝如图（图7-17）所示，包缝袖口线以上的前后袖缝。

（2）缝合前后袖缝。

（3）将合缝后的袖子在长烫凳上放好，然后分缝烫平（图7-18）。

（4）与裙下摆的处理方法一样，利用卷边缝处理袖口（图7-19）。

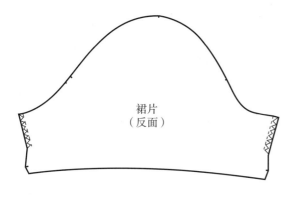

裙片
（反面）

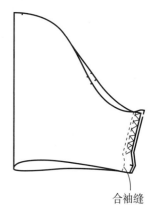

合袖缝

图7-17　做袖子

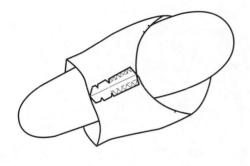

图7-18 分袖缝并烫平

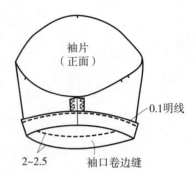

图7-19 袖口处理

11. 绱袖子（图7-20）

（1）在袖片上从超过前后对位刀眼约 2~3cm 的位置开始，用细密的拱针抽袖山包，注意拱针的线迹距离缝合袖子的净线约 0.2cm。

（2）袖子的袖山与上衣的袖窿正面相对，对齐各个对位刀眼，然后缝合固定袖子。

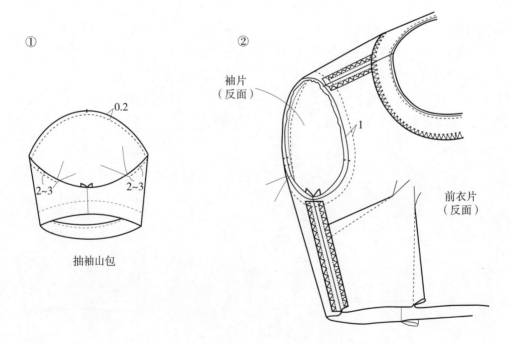

图7-20 绱袖子

12. 成品图

袖子绱好之后，将袖片与衣身的缝头一起进行包缝，并将缝头倒向袖片，注意可以在连衣裙的反面适当熨烫以固定袖子的倒向，但禁止在袖山的正面扣烫。最后缝制完成后的连衣裙制成品的正、反面如图 7-21 所示。

反面   正面

图7-21   连衣裙基本款的缝制正反面

第八章　连衣裙结构的设计变化

一、背心式连腰型连衣裙

1. 款式设计

图 8-1 所示的连衣裙轮廓类型与前面所述的基本款是相同的，但结构设计上，前者是腰节剪接型的连衣裙，而本款式是连腰型连衣裙。为了方便比较，两者都设计了类似的外轮廓造型。本款连衣裙是无袖结构，在夏季连衣裙中较常见，同时是"v"形态的无领。衣身采用与基本款一致的前后腰省和腋下胸省以达到收腰凸胸的立体造型。

前面　　　　　　　　　后面

图8-1　背心式连腰型连衣裙

本款式可以采用的面料较多，如纯棉布或棉混纺织物的牛仔布、斜纹面料等，此外采用丝绸或是化纤织物也是可以的。但连衣裙的面料选择不同，会展现出不同的着装风格。

2. 规格设计

表8-1为背心式连腰型连衣裙成品规格设计表。

表8-1　背心式连腰型连衣裙规格设计　　　　（单位：cm）

序号	部位名称	部位代号	人体尺寸（160/84A）	加放松量	纸样尺寸（160/84A）	测量方法
1	后中长	L			96	后中心线测量
2	肩宽	S	39	-4	35	左右肩点水平测量
3	胸围	B	84	5	89	袖窿底点测量
4	腰围	W	68	6	74	腰节线水平测量
5	臀围	H	90	6	96	腰节下20cm水平测量

3. 结构设计

（1）衣身（图8-2）

① 胸围放松量：此款连衣裙紧身且为无袖造型，胸围的放松量可以设计为5cm。前后侧缝都收小了1cm，这样胸围一共在原型基础上减少了4cm松量。后片由于腰省省道较长，后腰省在胸围线位置会减去大约0.5cm的松量，且左右对称，即共减少了1cm，最后连衣裙成品的胸围放松量就是预先设计的5cm了。

② 前后领口：由于本款是"V"字形的无领领口线，领口要做开大处理。前后侧颈点开大3cm，后颈点下落2cm，前领深根据款式特征取在高于胸围辅助线2cm的位置。

③ 后中长：裙子长度与基本型一样，即腰节以下60cm加上上衣的长度，连衣裙的后中长为96cm。

④ 前后袖窿线：由于是无袖且胸围放松量小于原型，故前后袖窿底点都上抬1cm，使前后袖窿的合体度更高，以免露出女性的内衣，这是一般无袖袖窿的设计要点。

⑤ 前胸省：前胸省取"前后侧缝之差"，大约是3.5cm，位置在袖窿底点以下6cm的侧缝线上。

⑥ 腰围放松量：如前文所述连衣裙的腰围放松量最少要有6cm，否则会妨碍着装者的日常行动。如果样板腰围要做到74cm，那么考虑衣片腰围大小的一半为37cm，分配至前后

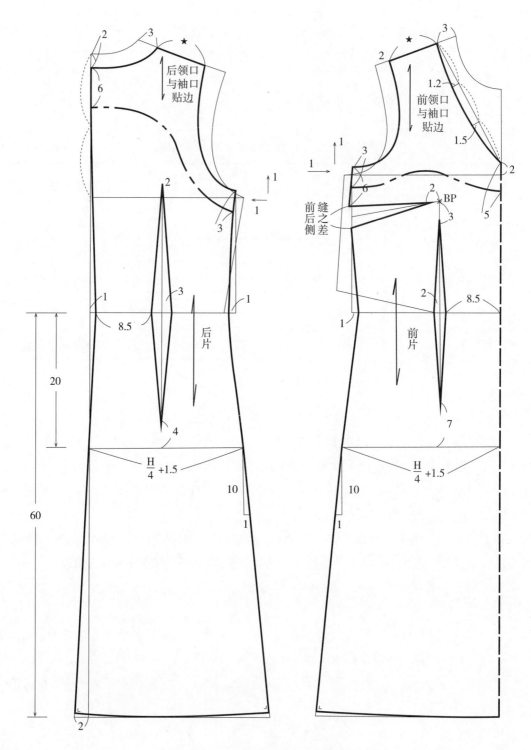

图8-2 背心式连腰型连衣裙的结构设计

腰节中就是前腰围19.5cm，后腰围17.5cm，通过计算后衣片的总收腰量是5cm，而前衣片的总收腰量是3cm，将这些收腰量合理地分配到后中缝、后腰省、前后侧缝以及前腰省中就可以了。

连衣裙其余部位请参考连衣裙基本款的叙述。但这里需要特别说明的是无袖无领类背心形式的服装，其领口和袖口都需要加装贴边来处理止口。把领口和袖口贴边连结成一个裁片的结构设计方法比较理想，会增加服装的整体感和档次，但这种样板设计会给缝制工艺增加难度。

二、肩缝公主线连腰型连衣裙

1. 款式设计

图8-3所示的连衣裙是纵向分割线连衣裙，其中公主线的分割设计是女装中的经典设计，是为了塑造女性体型凹凸变化的优美线条而诞生的。其中，肩缝公主线设计几乎完美地诠释了女性的优美线条，因为这条从肩缝起始的纵向分割线囊括了女性体型上所有的凹凸变化点，可以最大限度地再现女性的优美曲线。

前面   后面

图8-3　肩缝公主线连腰型连衣裙

本款连衣裙的合体度很高，同时下摆适当加大，塑造出优美的"X"形轮廓造型。领子是立领，在后中开口，并与后中缝的隐形拉链相接。袖子是一片合体袖，袖口有省道设计。本款式的面料选择可以参考连衣裙的基本款。

2. 规格设计

表8-3为肩缝公主线连腰型连衣裙成品规格设计表。

表8-2　肩缝公主线连腰型连衣裙规格设计　　　　（单位：cm）

序号	部位名称	部位代号	人体尺寸（160/84A）	加放松量	纸样尺寸（160/84A）	测量方法
1	后中长	L			98	后中心线测量
2	肩宽	S	39	0	39	左右肩点水平测量
3	胸围	B	84	7	91	袖窿底点测量
4	腰围	W	68	6	74	腰节线水平测量
5	臀围	H	90	6	96	腰节下20cm水平测量
6	下摆				136	仅供参考
7	袖长		50.5	2.5	53	袖中线测量
8	袖山高				AH/3	
9	袖口				20	
10	领高				4	

3. 结构设计

（1）衣身（图8-4）

① 胸围放松量：此款连衣裙为紧身设计，在袖子为一片紧身袖的前提下，其胸围加放松量后在90cm左右已经是极限了。如果需要再小一些的胸围放松量，那只能选择弹性面料来满足设计要求。由于公主线分割从肩缝起始，后中也需要设计分割线，故后衣片的胸围量会在分割之后损失较多，因此，本款连衣裙的侧缝保留原型的侧缝结构，不做变化，当然也可以根据后衣片的两条纵向分割线的位置、形态确定之后略作修改，以达到事先设计的胸围量。

② 前后领口：侧颈点略开大 0.5cm。

③ 前后肩线：前肩点下降 0.5cm 以取得更为合体的肩部造型，但后肩点不做改动。在

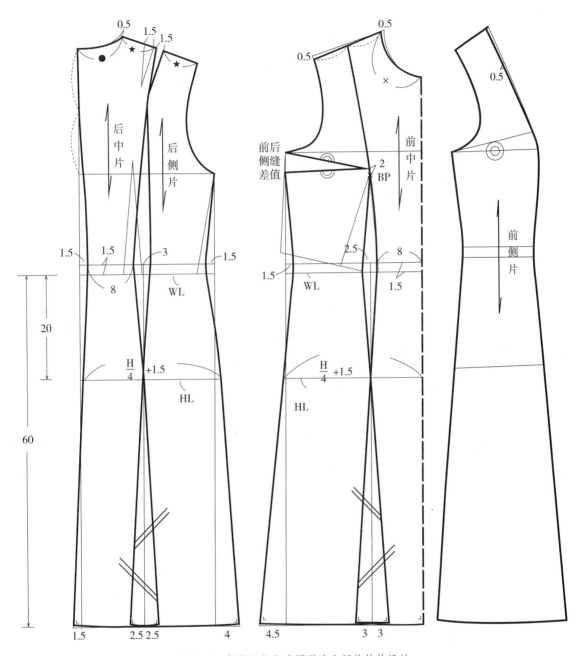

图8-4　肩缝公主线连腰型连衣裙的结构设计

原型中衣片前后肩线为 1.8cm 的差量，这里保留 1.5cm 作为肩胛省的量合并到后肩缝公主线分割中，另外 0.3cm 作为缝合前后肩时的吃势。

④ 腰节线：本款式为了塑造优美的女性体型，特意将款式的腰节辅助线提高 1.5cm，使

其在视觉上缩减上半身，拉长下半身，从而得到更为修长的服装造型。

⑤ 腰围放松量：根据腰围的样板尺寸要求，计算出前后腰围的收腰量，与前面背心式连腰型连衣裙的算法类似，由此可知后片收腰量为6cm，而前片收腰量为4cm，可以如图8-4进行各位置的省道量分配。

⑥ 前后肩缝公主线分割：肩缝公主线从前肩线的中点开始，经过原型样板中的BP点，然后自然地到达腰节辅助线、臀围辅助线，最后终止于裙摆。后肩缝公主线的画法与前片的类似，但是要注意前后片的分割线要在肩缝对合，也就是图8-4中所示的后肩线分割成两个相等的"★"量。这里需要注意在臀围线以上的纵向分割线都是有凹凸的曲线变化，具体的形态取决于分割线所处人体部位的是凹还是凸，但是臀围线以下的分割线需要采用直线造型。

⑦ 前胸省：前胸省取"前后侧缝之差"，大约是3.5cm，最后把暂时放置在侧缝的胸省量合并，然后转移到前肩缝公主分割线当中，最后修顺前侧缝片的分割线。

（2）立领

本款式立领可以采用最为简单的矩形结构，即画一矩形，其高度为领宽4cm，长度则是前后衣片领口线的长度减去1cm，如图8-5所示的"● +X −1"。款式立领开口在后中，没有门襟，但设计一宽度为1.5cm的底襟，其上钉两颗小纽扣。由于立领取斜丝并比实际的领口大略小，这就保证了缝制完成后的立领能形成与人体脖子结构一致的下大上小的造型。

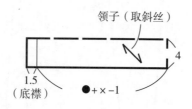

图8-5　立领结构

（3）袖片

本款式的袖子是一片合体袖，虽然是一片式结构，但是要求其合体度很高，这样的袖子造型需要配合袖肘省才能达到，具体到本款式，将袖肘省转移到袖口位置。

① 袖山高：由于是一片合体袖造型，袖子的合体度高，故采用西装袖的袖山高 AH/3 来计算，定出袖山高。

② 袖山曲线：图8-6所示的袖山曲线制图方法不同于前面讲过的基本型连衣裙的袖山曲线画法，具体可以参考前面女衬衫中的相关章节。这种袖山曲线画法制图更加简单且袖子

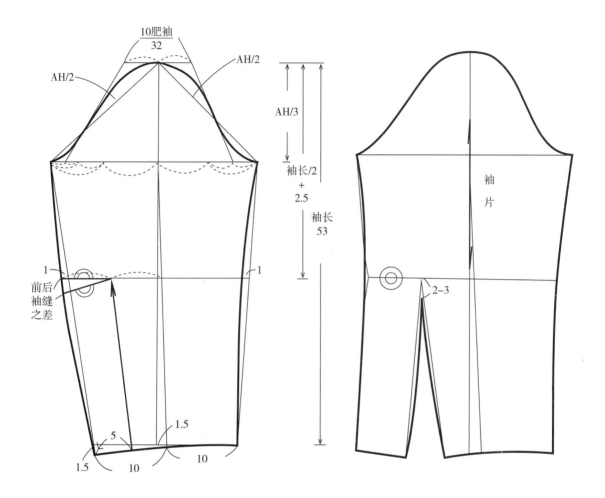

图8-6 袖片结构

制作的成功率更高。

③ 袖长：袖长短于一般的西服袖，袖口位置在手腕处。

④ 袖口：袖中线从袖肥线位置开始往前袖方向偏移1.5~2cm，偏移后的线作为一片合体袖的袖中线，然后从这点开始取前后袖口大小，这里为10cm。

⑤ 前后袖缝线：本款式的袖子造型追求较高的合体度，前袖缝在袖肘辅助线处凹进1cm、后袖缝在袖肘辅助线处凸出1cm，形成前凹后凸的袖缝线，同时为了形成圆顺的袖口曲线，后袖缝下落1.5cm。

⑥ 袖肘省：经过前面的操作步骤，前后袖缝长度不相等，后袖缝长于前袖缝，其差值可以设计为袖肘省。袖肘省的位置就在袖肘辅助线上，省尖位置在后袖肘围的中点。

⑦ 袖口省：在袖口线上，距后袖缝 5cm 的点与袖肘省省尖画一条辅助线，然后剪开此辅助线的同时闭合袖肘省就得到了袖口省，略微修整袖口省，使袖口省省尖距离袖肘辅助线 2~3cm。

三、连腰型插片喇叭裙

1. 款式设计

图 8-7 所示的连衣裙整体上呈现的是纵向喇叭裙的分割线类型，但其在上衣胸部附近做了些横向曲线式分割和细褶设计来增加裙子的设计感。其领子为无领结构，采用了大而深的 "V" 字形领口，领口再用滚条包缝并用剩余的滚条系扎成蝴蝶结，款式轻盈飘逸。袖子亦是类似无袖造型，在插肩袖结构线上拼接两层荷叶边袖片，这两层袖片只覆盖了人体的肩部。本款连衣裙的裙身为六片公主线分割设计，分割线通过了人体的凹凸点，完美地诠释了女性的优美线条。为了增加本款式裙子下摆量，在每条分割线之中插入三角形插片，最大限度地塑造裙摆飘逸的设计感。

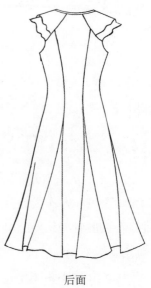

正面   后面

图8-7 连腰型插片喇叭裙

本款连衣裙应选择具有优良悬垂性的面料，且悬垂性越好越能表现该款式的风格特点。例如选择真丝、垂感强的亚麻类织物，此外悬垂性优良的化学仿丝类织物也是理想的选择。本款裙装为无领设计，领口大而深以配合胸部突出、腰部收紧以及加大的下摆形成喇叭造型，充分体现了女性美。

2. 规格设计

表8-3为连腰型插肩喇叭裙成品规格设计表。

表8-3　连腰型插片喇叭裙规格设计　　　（单位：cm）

序号	部位名称	部位代号	人体尺寸（160/84A）	加放松量	纸样尺寸（160/84A）	测量方法
1	后中长	L			115	后中心线测量
2	肩宽	S	39			不需要考虑
3	胸围	B	84	5	89	袖窿底点测量
4	腰围	W	68	6	74	腰节线水平测量
5	臀围	H	90	4	94	腰节下20cm水平测量
6	下摆				238	仅供参考

3. 结构设计

（1）衣身（图8-8）

① 胸围放松量：此款连衣裙很紧身，但与有袖子的服装不一样，无袖的上衣在胸围放松量的选择上可以更加大胆一些，因为无袖服装只包裹人体的躯干，躯干的运动范围和幅度相对手臂要小得多，而且其后衣片背宽量的大小影响手臂的运动有限，因此胸围可以选择更小的放松量，如4~5cm，上衣胸围为88~89cm。在衣身原型基础上减少胸围放松量时，尽量使后衣片的减少量与前衣片相等或者后片减少量适当多一些，这样在合体造型中可以更加符合女体胸部的特征。

② 前后领口线：前颈点下降至前衣片原型的袖窿深线处，前后侧颈点也类似开大，但是注意保持前后侧颈点开大量的平衡。

③ 插肩袖分割线：本款式的插肩袖分割线既是衣片和袖片的分界线，也是衣片的袖窿底点。由于连衣裙是无袖结构，因此袖窿底点上抬了1cm，适当减少袖窿圈，以使袖窿部位的合体度更高。插肩袖的分割起始点都是从前后领口线开始，注意分割线凹凸的曲线变化，并尽量保证曲线的光滑圆顺。

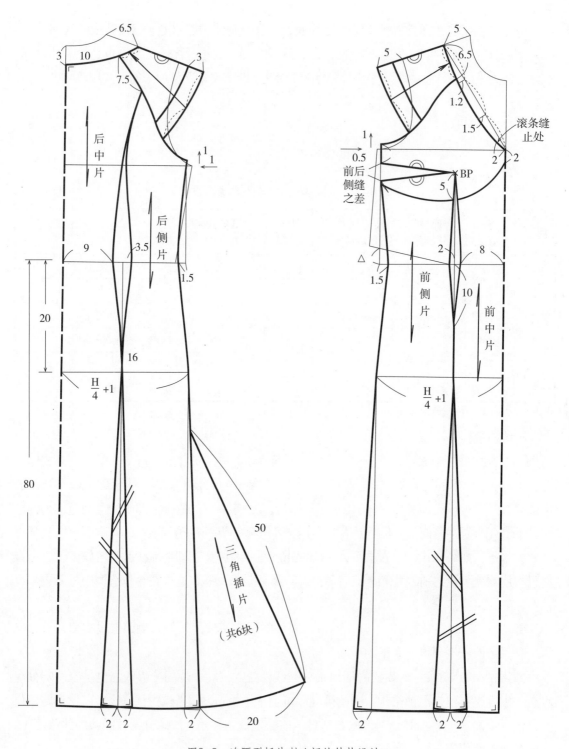

图8-8　连腰型插片喇叭裙的结构设计

④ 前胸衣片：在本款式中位于胸点稍下位置的曲线式分割线是从侧面开始斜向分割至前中心的，这类分割线较多地应用在需强调女性特质的连衣裙或者女衬衫的设计中，这样的线条与女性内衣结构线相近，可以展现女性的性感和妩媚。本款连衣裙前衣片侧缝的胸省量全部转移到分割线中，与下裙缝合时，多余的量自然就形成了细褶，当然仅通过省道转移获得的细褶量会比较少，一般还需要剪切前胸衣片样板以获得设计所需要的细褶量，图8-8中所示在胸省获得量的左右各增加了2cm的松量。

⑤ 腰围放松量：根据腰围的样板尺寸要求，计算出前后腰围的收腰量，其算法与前面所讲述的几款连腰型连衣裙类似，由此可知后片收腰量为3.5cm，而前片收腰量为2cm，可以如图8-8位置来设计前后分割线以及省道量分配。

⑥ 前后公主线分割：前公主线从BP点以下的位置开始，自然地到达腰节辅助线、臀围辅助线，臀围辅助线以下至下摆位置放大2cm的松量。腰围以下约10cm处两条分割线开始重合，一直到臀围辅助线，在臀围辅助线以下两条分割线是交错重叠的位置关系。后公主线的分割情形与前片的类似。

⑦ 三角插片：为了得到更大的底摆松量，通常可以在裙摆的分割线之中加入插片布来实现。插片布的形状有三角形、方形甚至是圆形等，具体采用哪种形态的插片应该根据款式来决定，其中三角插片是运用最多的。插片开始与分割线缝合的位置被称为插片点，在插片的设计中，插片点的高低、插片的大小都是随需要变化的，因此看似简单的插片裙里蕴含了极其丰富的变化。本款式采用最常用的三角形插片，其长度为50cm，下摆大小为20cm，整个款式包含六条分割线，因此需要六块一样尺寸的插片布。

（2）袖片

袖片是插肩袖结构，在结构制图时直接延长前后肩线至所需的袖子长度，本款设计为5cm。根据款式特征绘制出袖窿弧线，由于袖子属于半袖类型，因此仅仅在袖山部分有袖片，袖下是无袖结构。袖子有上层和下层两片组成，上层较小，称为表袖片，下层较大，称为里袖片。表里袖片在肩缝处都没有分割线，故在设计样板时需要将前后袖片的样板在前后肩线位置重新拼合成一个完整的裁片，然后根据款式的荷叶边效果，画出三条剪切线，沿着这三条剪切线剪切样板，在每个切口中加入所需的波浪褶量（本款为2cm）。图8-9中标示的表袖片和里袖片两个裁片即最后袖片裁剪用的样板。荷叶边袖口线是一条凸弧线，其止口处理的常用方法一般有密拷和0.1cm明线的卷边缝。

（3）领口滚条

本款式的领口是无领结构，可以利用滚条对领口线包边，这样领口部位就不需要贴边了。滚条应该取 45° 的斜丝，宽度可以根据需要来选择，这里采用宽为 2.5cm，长度约为 120cm 的长条状面料。滚条在前门中心位置应该留有一定的空隙，如图 8-10 所示，这个留空是预留系蝴蝶结的位置。前胸衣片可以裁剪成面、里两片来处理前面止口的问题。

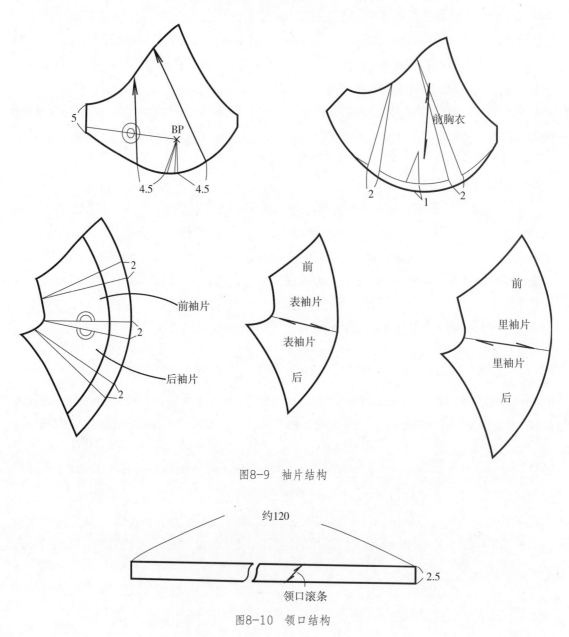

图8-9　袖片结构

图8-10　领口结构

四、高腰分割连衣裙

1. 款式设计

图 8-11 所示的连衣裙是横向分割线中高腰型分割的典型例子。款式的整体轮廓为上小下大的梯形，款式中的横向分割线形态与上一款式基本一致，但是由于肩部、袖子以及腰部和下摆的配合不同，使得其呈现出与前一款不同的风格特点。本款连衣裙中的前衣片不仅有细褶，在肩部还有育克结构，前育克线是一条直线，并在此线中设计了三个活褶，后育克线是对称的弧线造型，与育克相拼接的后衣身也设计了一些细褶。领口是带贴边的"V"型无领结构，袖片亦是上小下大的喇叭状轮廓，并采用部分袖身重叠的花瓣袖造型。本款式上衣下裙分割线为前高后低型，与上衣相连接的裙身属于细褶裙结构，其裁片与喇叭裙略有不同。

正面　　　　　　　　　　　　　后面

图8-11　高腰分割连衣裙

本款连衣裙的面料宜选择轻薄类，如乔其、雪纺、绡等较轻盈的织物，当然如果选择悬垂性略好，有一定重量的真丝织物也是可以考虑，会呈现不同于前者的款式风格。

2.规格设计

表8-4所示为高腰分割连衣裙成品规格设计表。

表8-4 高腰分割连衣裙规格设计 （单位：cm）

序号	部位名称	部位代号	人体尺寸（160/84A）	加放松量	纸样尺寸（160/84A）	测量方法
1	后中长	L			96.8	后中心线测量
2	肩宽	S	39	-1	38	左右肩点水平测量
3	胸围	B	84	10	94	袖窿底点测量
4	腰围	W	68			不需要考虑
5	臀围	H	90			不需要考虑
6	下摆				208	仅供参考
7	袖长		短袖		23	袖中线测量
8	袖山高				AH/3	

3.结构设计

（1）衣身（图8-12）

①前后肩线：前肩点收进0.5cm，然后根据前肩线的长度来确定后肩点位置，前后侧颈点的开量是不一样的。

②前衣片：前后的袖窿底点保持原型的点，然后前后侧缝之差值作为前胸省量。通过原型的BP点和衣身的前育克线即衣身上口线二等分点画一条前衣身的剪切线，合并的前胸省量转移至此分割线中。上口留下2cm作为活褶量，其余的量放在前衣身的下口线中作为细褶量。由于前衣片的育克线上有三个整齐排列的活褶，胸省转移得到的量既不能满足上口的三个活褶量也不能满足下口的细褶量，因此在剪切线的左右需各画一条新的剪切线如图8-13中的前衣身中间图，以满足拉开整个样板时上口和下口增加的褶量要求，其最后的裁剪参照样板中的前衣身。考虑到前门领口的要求，以及选用面料比较轻薄通透，因此前衣片裁剪里外两层。

③育克片：前片的育克线是与前肩线平行3.5cm的直线，后片是后中低袖窿部位的微凹弧线，这些完全根据款式要求来设计，最后在肩线拼合前后两个样板，得到育克片的完整裁片。育克片取横丝，与大身相反，而且通常也是两层裁剪。

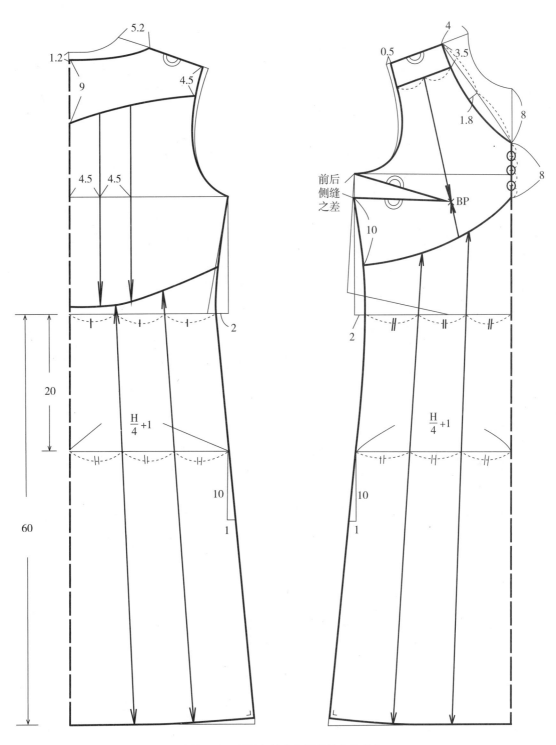

图8-12　高腰分割连衣裙的结构设计1

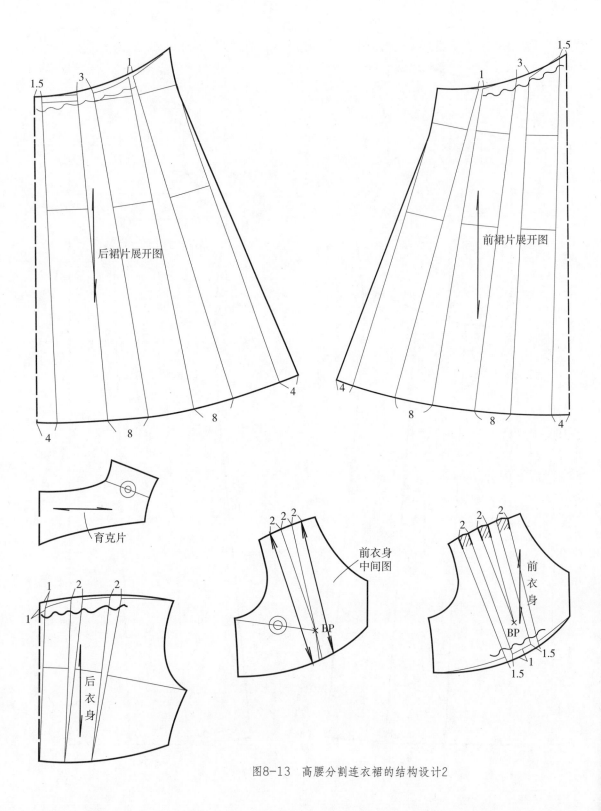

后裙片展开图

前裙片展开图

育克片

后衣身

前衣身中间图

BP

前衣身

BP

图8-13 高腰分割连衣裙的结构设计2

④ 后衣身：腰节线是后中低前中高，绘制时注意前后衣片在侧缝处的对合与顺滑。根据款式后衣片在上口与育克相拼接的部位有细褶设计，而在下口的腰线连接处则没有，故设计细褶的部位画出两三条剪切线，然后按图 8-13 所示的方法拉开剪切线，最后修顺后衣片的上口线。

⑤ 前后裙片：本款连衣裙的长度与原型类似，其裙摆在膝盖稍下的位置，故在腰节以下 60cm 处为裙下摆的位置。裙身样板采用小 A 裙的结构设计。考虑到款式的下摆较大，且其上口与衣身连接处有许多细褶设计，因此剪切裙片样板，以增加褶量与下摆量。裙身上口的细褶量相对下摆的波浪褶量要少一些，故上口的拉开量要小于下口，具体根据款式的外观效果来确定。

（2）袖片

本款连衣裙的袖子从轮廓上为喇叭袖，从结构的花式上属于花瓣袖，在样板设计时要将两者结合在一起。首先根据袖子的袖肥大小和袖长绘制出一片袖，这里袖山高按照 AH/3 选择，袖长取 23cm；然后在绘制好的一片式短袖上画出三条剪切线，结合其上小下大的喇

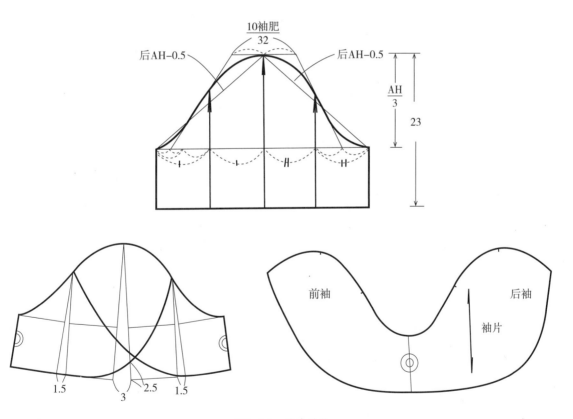

图8-14 袖片结构

叭造型，固定袖山部位的剪切点不动，拉开样板以增加袖口的松量，增加量不宜过大，否则影响袖子的美感；接着根据花瓣袖的袖口重叠位置画出袖山重叠部位，同时拼合前后侧缝，完成袖片样板，注意对位刀眼的标识，最后裁剪用样板如图 8-14 所示。

五、非对称斜向分割连腰型连衣裙

1. 款式设计

图 8-15 所示的连衣裙款式是并不多见的类型，首先其为左右非对称设计，区别于服装中大量应用的左右完全对称的设计；其次款式中的斜向非对称分割线也是一大特点，有高有低，贯穿左右。对于这种样板设计来说，通常会比较繁琐，同时也不可能取得左右完全一致的合体度，样板的结构处理中肯定需要根据结构线的形状和走向进行一定的调整。这势必会影响服装的合体度。本款连衣裙为合身轮廓造型，其设计重点在衣身和裙子的结构，因此领子和袖子比较简单，是前文已经讲述过的背心式。前衣身有四条右边高左边低的没有规律的随意的弧形分割线，后衣身与此类似，除了上半身的袖窿公主线分割。裙子的下摆也与分割线的斜向保持一致，但是裙摆采用宽下摆的喇叭裙造型。本款连衣裙的穿脱是款式设计和样板设计时都必须考虑到的问题，如果不想在领口处做开衩，则领口的净尺寸必须大于头围的净尺寸，而腰部可以在侧缝装隐形拉链拉解决穿脱。

前面　　　　　　　　　　　反面

图8-15　非对称斜向分割连腰型连衣裙

本款连衣裙不宜选择轻薄的面料，可以选择悬垂性能好但有一定厚度，适宜春夏季服装用的面料，比如丝绸中的绢纺类织物，有一定悬垂性的棉类和麻类织物，当然化纤的麻纱也可以考虑。从面料色彩上来讲，选择纯色织物更能表现款式的复杂分割线，也可以利用不同颜色的纯色面料拼接，形成色彩的搭配设计，但切忌选用图案较大的印花类面料。

2. 规格设计

表8-5为非对称斜向分割连腰型连衣裙成品规格设计表。

表8-5　非对称斜向分割连腰型连衣裙规格设计　　　　（单位：cm）

序号	部位名称	部位代号	人体尺寸（160/84A）	加放松量	纸样尺寸（160/84A）	测量方法
1	后中长	L			98.5	后中心线测量
2	肩宽	S	39	-5	34	左右肩点水平测量
3	胸围	B	84	5	89	袖窿底点测量
4	腰围	W	68	8	76	腰节线水平测量
5	臀围	H	90	8	98	腰节下20cm水平测量
6	下摆				370	仅供参考

3. 衣身结构设计

左右非对称款式的样板设计必须将原型的左右片在前后中心处拼合在一起之后再进行结构设计。

① 胸围放松量：如前文所述，背心式的连衣裙的胸围放松量可以少一些，这里取5cm。

② 前后领口线：前后领口线尽可能开大一些，大于人体的头围尺寸以方便穿脱。

③ 前后肩线：前肩点下降0.8cm，后肩点下降0.5cm，以取得合体度更高的前后肩线，注意前后肩线取值相等。

④ 腰围放松量：本款连衣裙中的分割线既没有经过腰节位置的纵向分割线，也没有在腰节附近的横向分割线，因此在结构上很难处理腰省量，大部分只能依赖前后侧缝线来处理胸腰差量以及腰臀差量，腰节处会有较大的松量是不得已的选择。图8-16、图8-17所示根据分割线的位置尽量处理了前后收腰量，后腰省设计2cm，前腰省只有1cm或不到1cm量，其他余量在侧缝中收小。

⑤ 胸省量：前衣片的分割线是非对称且为斜向走势的，为了合并转移前胸省，那么在

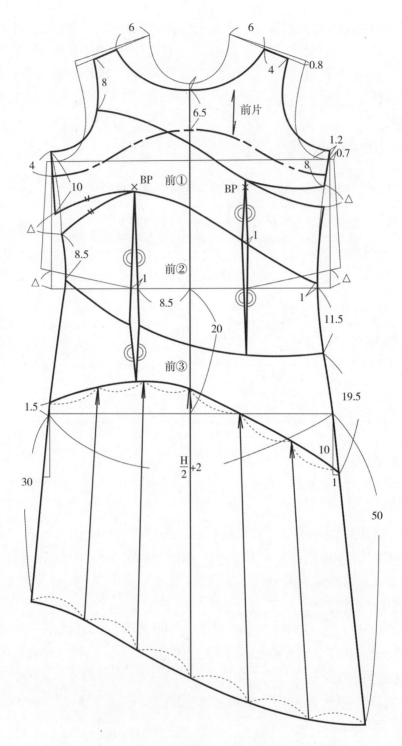

图8-16　非对称斜向分割连腰型连衣裙前片的结构设计

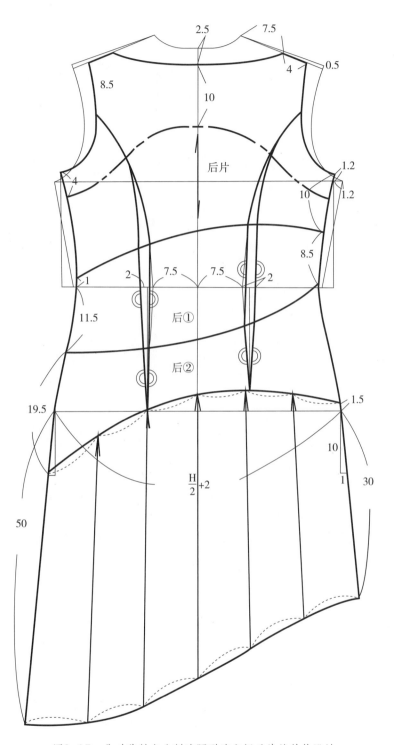

图8-17 非对称斜向分割连腰型连衣裙后片的结构设计

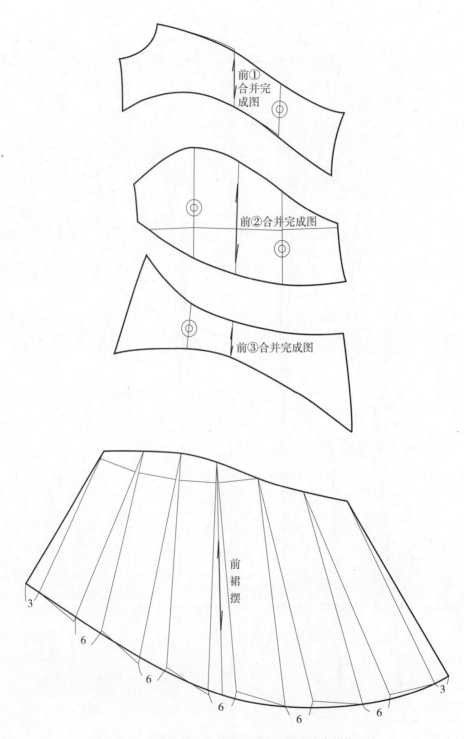

前①
合并完
成图

前②合并完成图

前③合并完成图

前
裙
摆

3

6

6

6

6

6

3

图8-18　非对称斜向分割连腰型连衣裙的前片结构设计

设计连衣裙衣身分割线的位置和形态时就要有意识地使分割线尽量经过原型的 BP 点，只有这样才能使胸省的处理成为可能。如图 8-16 所示的前衣身最上面的两根斜向分割线就尽可能地经过了左右两个 BP 点，这样就可以在这两条分割线中融入设计需要的胸省量。

⑥ 前衣身：前衣身的四条分割线将其分成了五个裁片，其中前①、前②和前③三个裁片经过了胸省、腰省等的位置，因此需要进行样板的合并拼接处理，最后裁剪的部分裁片如图 8-18 中的前①、前②和前③合并完成图。在具体的样板制作时，需要注意两个合缝部位的对位刀眼的标记。

⑦ 后衣身：与前衣身相似，后衣身中的后①、后②两个裁片需要进行拼接合并处理，其最后裁剪用的裁片如图 8-19 中的后①、后②合并完成图。

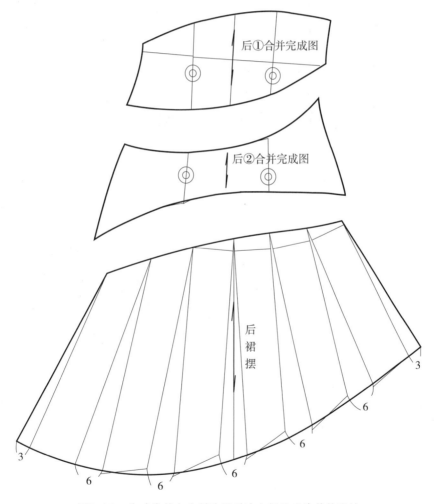

图8-19 非对称斜向分割连腰型连衣裙的后片结构设计

⑧ 前后裙片：裙片采用小 A 型裙的结构设计方法来绘制前后样板，只是右侧缝在臀围线以下取 50cm，左侧缝在臀围线以下取 30cm 形成右高左低的裙下摆。裙子是宽下摆的喇叭裙造型，因此在此基础上六等分前后裙片，然后根据需要增量拉开样板，以形成下摆的波浪褶量。本文中的连衣裙前后裙摆的每个切口中增加了 6cm 褶量。

⑨ 前后领口和袖口贴边：背心式的领口和袖口必须在止口处缝合贴边才能做光止口。

六、衬衫式中袖连衣裙

1. 款式设计

图 8-20 所示的连衣裙看起来像是延长版的女衬衫，其各个部位的结构细节都与普通的衬衫接近。这款连衣裙属于连腰型的合体轮廓，领子是常用的男式衬衫领，但前衣身的门襟不是常见的衬衫用门襟，而是常见于 T 恤衫中的半门襟形式，当然本款中的开门直至人体的臀围线附近，远长于 T 恤衫的开门长度，这样既解决领围松量，也解决了腰围在穿脱过程中需要的松量。肩部设计了衬衫常用的育克片，在育克片的下方，前衣身是一条与袋口结合在一起的公主线分割,后衣身是两个常规的长腰省。连衣裙的袖子风格也类似于衬衫,

前面　　　　　　　　反面

图8-20　衬衫式中袖连衣裙

只是中袖设计，袖口带袖开衩和克夫，位于胳膊肘稍下的位置。

本款式的面料选择可以参考女式衬衫基本款的面料选择。

2. 规格设计

表8-6为衬衫式中袖连衣裙成品规格设计表。

表8-6　衬衫式中袖连衣裙规格设计　　　　　（单位：cm）

序号	部位名称	部位代号	人体尺寸（160/84A）	加放松量	纸样尺寸（160/84A）	测量方法
1	后中长	L			98	后中心线测量
2	肩宽	S	39	0	39	左右肩点水平测量
3	胸围	B	84	10	94	袖窿底点测量
4	腰围	W	68	8	76	腰节线水平测量
5	臀围	H	90	6	96	腰节下20cm水平测量
6	袖长		50.5		36	袖中线测量
7	袖山高				AH/3	
8	袖口				28	水平测量

3. 结构设计

（1）衣身（图8-21）

① 胸围放松量：胸围的放松量取原型的基本放松量10cm，但由于后衣片的后中分割线与后衣片的腰省的设计使得后胸围的松量大约损失了1cm，所以在后侧缝线上将损失的量给补上，前胸围的放松量与原型一致。

② 前后领口：男式衬衫领略微开大，后颈点上抬0.3cm。

③ 育克片：前后育克片的设计与以往没什么不同，但是为了保证育克片的丝缕完整，则需要将育克片中后背部位的横向分割线修正成一条水平线，这一点在条格面料设计中尤其重要，只有这样在取条格丝缕时才能取到完整的条或者格子图案。育克片合并原型肩胛省后得到的后肩省量"△"原本是在后育克上的，这就需要将"△"量挪到后衣身的袖窿线上去除，以保证后袖窿长度不变。仔细观察图8-22中育克片和后衣片中"△"的位置和变化。

④ 后衣片：后中线在育克片以下进行分割，利用此分割线在后中收1.5cm腰省，后衣

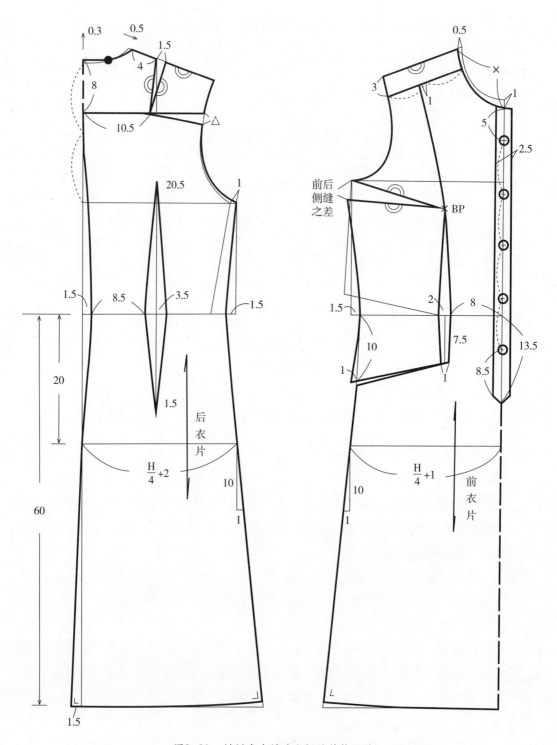

图8-21　衬衫式中袖连衣裙的结构设计1

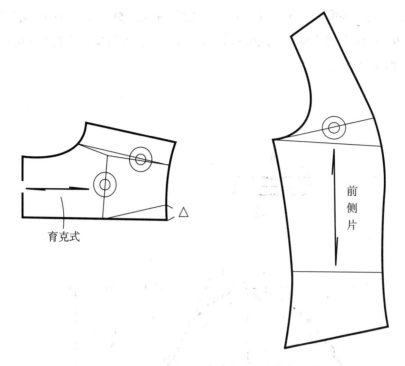

图8-22　衬衫式中袖连衣裙的结构设计2

片的腰省是衬衫中常用的菱形省道，其长度可以根据省道的大小适当的调整。

⑤ 前侧片：前片的公主线分割从育克片开始，经过了BP点一直到口袋位置。以前后侧缝的差值作为前胸省量并转移到前公主线分割中，前侧片的完成样板如图8-22所示。

⑥ 前衣片：前衣片的袋口是斜向的横插袋，可以直接利用前衣片与前侧袋的拼合做出袋口。为了前衣片的腰省省尖位置不太突兀，前腰省在袋口中保留1cm的省量，这个1cm在前侧片的侧缝处补回。

⑦ 前门襟：本款式的门襟是长条的T恤门襟，一直开到腰围线以下13.5cm，这种门襟样板比较简单，缝制工艺会复杂一些，类似袖口大袖衩工艺的制作。

（2）袖片

① 袖山高：考虑到本款式与衬衫基本型比较接近，故袖片的袖山高采用公式"AH/4+3cm"来确定。

② 袖长：中号人体肘部大约在距肩点30cm处，由于中袖含袖克夫，因此选择在袖肘稍下的位置，这里袖身取长度30cm。

③ 袖克夫：袖克夫高度取 6cm，宽度如图 8-23 所示为"⊠ -0.6"其中"⊠"是袖片袖口的尺寸，"-0.6"是由于袖开衩的工艺缩减的袖口量，工艺不同减去的数值也会有些区别，要根据具体情况加以调整。

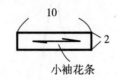

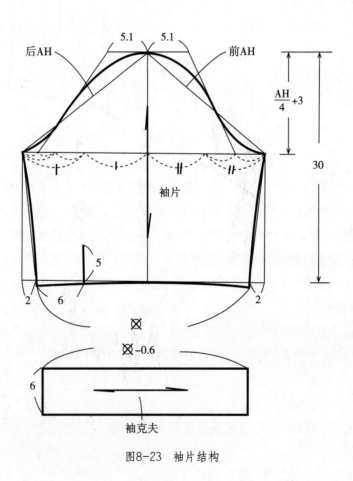

图8-23　袖片结构

（3）立领

本款式的领子在结构形式上属于男式衬衫领，即由领座和领面两片领子缝合组成的，但其穿着后的立体造型与常见的男式衬衫领有细微的区别，首先前后领口线适当地开大了些，领子相对比较松散而不是直立地抱紧脖子，因此在做立领和翻领的结构设计时可以加大立领的上翘尺寸和翻领的直上尺寸的取值如图 8-24 所示。

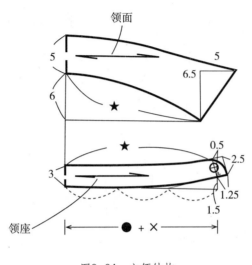

图8-24　立领结构

七、带荡领的腰部拼接型连衣裙

1. 款式设计

图 8-25 所示的连衣裙具有典型的"X"型轮廓特征，腰部拼接的结构设计可以完美地实现这种轮廓造型。此款连衣裙整体感觉非常简洁，无论是领子、上衣身和裙身都没有多余的装饰。连衣裙的前领口设计的褶皱形成荡领的外观，领口开得较大，后领很深，露出后背。为了增加领口的强度，减少领口的变形，后领口用横向的直丝横条固定。前后衣身都只有简单的腰省，配合落肩的无袖结构。裙子就是宽下摆的喇叭裙，通过腰节线与上衣缝合。

前面　　　　　　　　　　　后面

图8-25　带荡领的腰线拼接型连衣裙

本款式必须选择具有优秀悬垂性的面料，无论是上衣的荡领还是下衣的裙子部分，对面料的悬垂性能都需首要考虑。

2. 规格设计

表8-7为带荡领的腰部拼接型连衣裙成品规格设计表。

表8-7　带荡领的腰部拼接型连衣裙规格设计　　　　　　（单位：cm）

序号	部位名称	部位代号	人体尺寸（160/84A）	加放松量	纸样尺寸（160/84A）	测量方法
1	后中长	L			94.5	后中心线测量
2	肩宽	S	39	0	39	左右肩点水平测量
3	胸围	B	84	7	91	袖窿底点测量
4	腰围	W	68	6	74	腰节线水平测量
5	下摆				270	仅供参考
6	袖长				5	落肩

3. 衣身结构设计（图8-26、图8-27）

① 胸围放松量：此款连衣裙为落肩的无袖结构，胸围放松量可以取少一些。

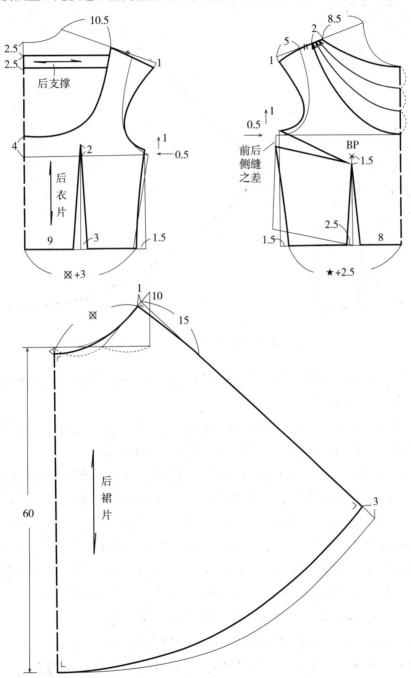

图8-26　带荡领的腰线拼接型连衣裙的结构设计1

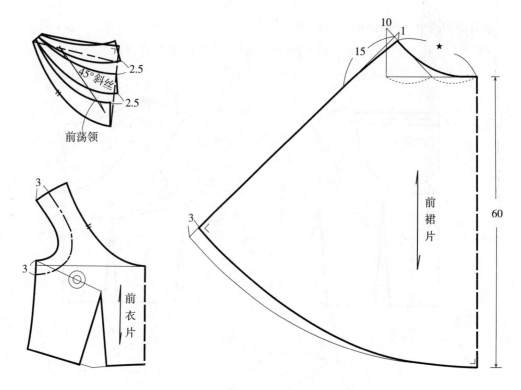

图8-27　带荡领的腰线拼接型连衣裙的结构设计2

② 前后肩线：延长原型的前后肩线5cm作为落肩的袖长部分，延长线下落1cm以使落肩部分具有更好的合体度。

③ 后衣片：后领口开大，形成深"U"的领口线造型，为了增加领口的强度减少变形，在后领口加装了一条直丝的长条形支撑，这条支撑应该取双层。

④ 前衣片：前胸省量转移到前腰省。前腰省的省道量较大，其省尖选择距离BP点1.5cm。

⑤ 前荡领：三等分前衣片中的荡领部位，每根等分线即为切展线，从前中起始往前肩剪切；然后在每个切口加入适当的褶量，这个褶量可以根据需要来选择，这里是2.5cm；最后修正画顺前荡领样板，注意这个样板前中连裁，同时取45°斜丝以形成最为美观的荡领造型，这个荡领片可以裁剪两片以做光止口。前荡领也可以与前衣片在分割线处拼合成一个完整的前衣片，此时需要略微调整前中线与前领口线的角度，使两者能够垂直顺接。前片是一整个裁片时，其丝缕按照能够形成完美垂荡效果的45°斜丝选择。

⑥ 前后裙片：裙子的结构设计就是一大下摆的喇叭裙结构设计，需要注意前后腰节线要对合并等长。图8-26、8-27中不论上衣还是裙子要满足后腰长为"⊠"，前腰长为"★"的要求。最后取料的时候注意在斜丝部位适当减少裙子的长度。

⑦ 贴边：后领口、前袖窿以及后袖窿需要贴边。

八、连身立领型的插肩袖连衣裙

1. 款式设计

图8-28所示的连衣裙是合体度相当高的连腰型连衣裙，也是纵向公主线分割与插肩袖结合在一起的例子。连衣裙的领子是立领结构，但与常见的立领不同的是这个立领与大身连接在一起完成裁片，又被称为连身立领。前衣片的公主线从领口开始通过人体的 BP 点一直到下摆，后衣片的公主线从后肩胛省开始经过人体的凹凸变化点直至下摆，下摆适当地收小，最大限度地贴合于女性的体型特点。下摆的收小势必使人体运动受阻，故连衣裙在后中心增加了分割，不仅处理了后腰省以提高连衣裙的贴体度，而且可以在后中设计后开衩，以满足着装者的日常活动。此外，在后中线的分割线中设计隐形拉链以方便服装的穿脱。本款袖子是插肩袖结构，袖长设计为短袖。

前面　　　　　　　　　　后面

图8-28　连身立领型的插肩袖连衣裙

本款连衣裙适宜选用有一定厚度和硬挺度的面料来设计与制作。

2. 规格设计

表8-8为连身立领型的插肩袖连衣裙成品规格设计表。

表8-8 连身立领型的插肩袖连衣裙规格设计　　（单位：cm）

序号	部位名称	部位代号	人体尺寸（160/84A）	加放松量	纸样尺寸（160/84A）	测量方法
1	后中长	L			90	后中心线测量（含立领）
2	肩宽	S	39	0	39	左右肩点水平测量
3	胸围	B	84	7	91	袖窿底点测量
4	腰围	W	68	6	74	腰节线水平测量
5	臀围	H	90	4	94	腰节下20cm水平测量
6	下摆				86	仅供参考
7	袖长				18	袖中线测量
8	袖山高				13	
9	袖口				27	
10	领高				2	

3. 结构设计

（1）衣身（图8-29）

① 胸围放松量：考虑到此款连衣裙的整体放松量都很少，因此虽然为有袖子的服装款式，但是胸围放松量也依然选择与无袖连衣裙相近，这类服装在穿用中舒适度相对差。

② 连身立领：前后侧颈点先开大2cm，然后在开大的后侧颈点上画一立领高的垂线，这里是1.5cm，比后颈点的领高量小0.5cm，最后将这段垂线与后侧颈点的上抬量画顺就得到了后领口线。前颈点只需要抬高0.5cm，其数值大小与后肩线长度取相等即可，然后前颈点上抬1.5cm，与新得到的前侧颈点画顺就形成本款式的前领口线。

③ 前衣片：距前领口中点5.5cm开始画出公主线分割直至底摆，在底摆利用此分割线收小下摆，分割线两边各收小0.5cm。前侧缝线处取得的前胸省量合并转移到公主线分割中，

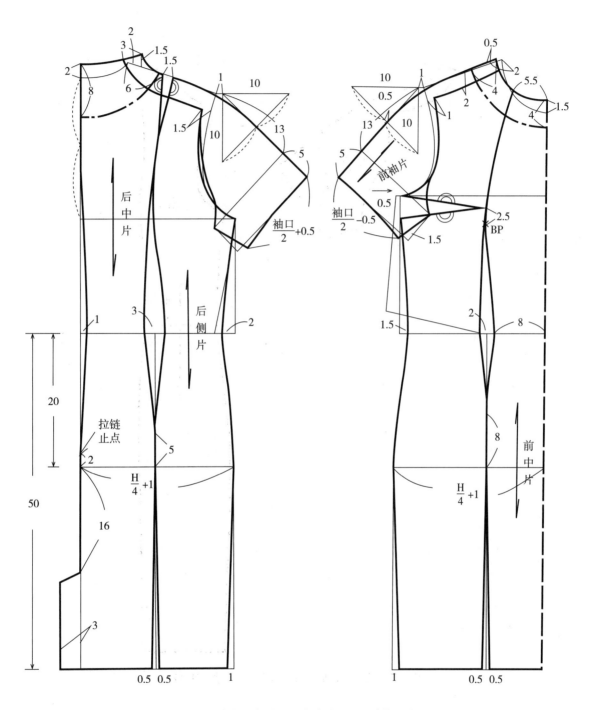

图8-29　连身立领型的插肩袖连衣裙的结构设计1

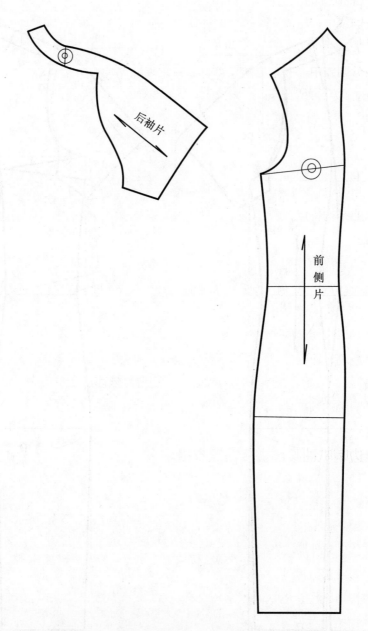

后袖片

前
侧
片

图8-30　连身立领型的插肩袖连衣裙的结构设计2

最后完成的样板如图 8-30 中的前侧片所示。

④ 后衣片：后衣片的公主线分割从距原型后侧颈点 6cm 的位置开始，并将 1.5cm 的肩胛省融入到此分割线中，与前衣片一样，底摆处的分割线左右各收小 0.5cm。后中线亦为一条分割线，在腰节线处收腰 1cm，后中缝为先凸后凹再凸缓慢变化的曲线，符合人体的体型特点，在这条分割线中需要装隐形拉链直至臀围线以上 2cm 的位置，以方便服装的穿脱。在臀围线 16cm 的下方开始设计后开叉以方便着装者的行走。

⑤ 领口贴边：前后领口都需要加装贴边以做光领口。

（2）袖片

① 插肩袖：此款袖型大类属于插肩袖。由于其大身与袖子的分割线平行于前后肩线，呈现出形似肩章的结构特点，也可以称为肩章袖。后肩章部分的肩胛省需要合并转移到分割线之中。

② 袖山高：插肩袖的袖山高与袖肥的变化关系与装袖是一致的，因此如果袖肥过小则应该适当地降低袖山高。此款合体型的连衣裙的袖肥极限值是 29cm，可以根据这个数据去调整袖山高。

③ 袖口：后袖口按照公式"袖口 /2+0.5cm"取值，前袖口按照"袖口 /2-0.5cm"取值，公式不可机械地应用，应根据具体情况加以调整，但不管怎么调整都是后袖口大于前袖口。

④ 前后袖缝线：绘制完成前后插肩袖后，一定要复核前后袖片的袖下缝是否相等，相比装袖结构在插肩袖的结构设计过程中这两条线极易产生偏差。

九、荷叶边喇叭袖腰部拼接型连衣裙

1. 款式设计

图 8-31 所示的连衣裙最大特征就是荷叶边的造型，其领口、袖口以及门襟止口直至下摆都是荷叶边装饰，整件服装具有柔美华丽的感觉。连衣裙为腰部拼接型的合体轮廓，上衣结构简单，前后衣身都只设计了一个省道；裙子是长长的筒裙造型，也仅在腰线部位设计了腰省。本款连衣裙与以往介绍的款式最大的不同就是门襟较宽，为双排扣门襟，仅仅在前腰节线上以一颗纽扣扣合左右前片，腰节以下门襟对叠，渐渐过渡到圆形下摆。虽然本款式的下摆围度很小，但是前门的开口完全能够满足着装者的日常活动需求。

本款连衣裙宜选用悬垂性优良且比较轻薄的面料。其中光泽好、外观华美的丝绸类缎织物是最优选择，至于面料的色彩设计，则素色或者印花都在考虑范围之内。

前面　　　　　　　　　后面

图8-31　荷叶边喇叭袖腰部拼接型连衣裙

2.规格设计

表8-9为荷叶边喇叭袖腰部拼接型连衣裙成品规格设计表。

表8-9　荷叶边喇叭袖腰部拼接型连衣裙规格设计　　　　（单位：cm）

序号	部位名称	人体尺寸（160/84A）	加放松量	纸样尺寸（160/84A）	测量方法
1	后中长			119.5	后中心线测量
2	肩宽	39	0	39	左右肩点水平测量
3	胸围	84	9	93	袖窿底点测量
4	腰围	68	7	75	腰节线水平测量
5	臀围	90	4	94	腰节下20cm水平测量
6	下摆			84	仅供参考
7	袖长			23	袖中线测量
8	袖山高			AH/3	
9	袖口			44	

3. 结构设计

（1）衣身（图 8-32、图 8-33）

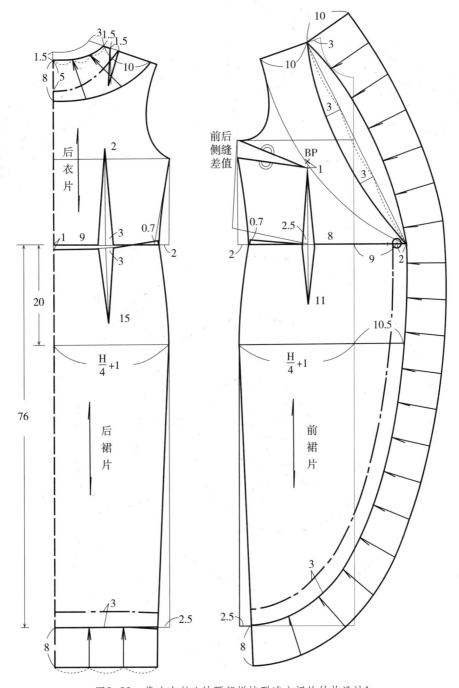

图8-32　荷叶边喇叭袖腰部拼接型连衣裙的结构设计1

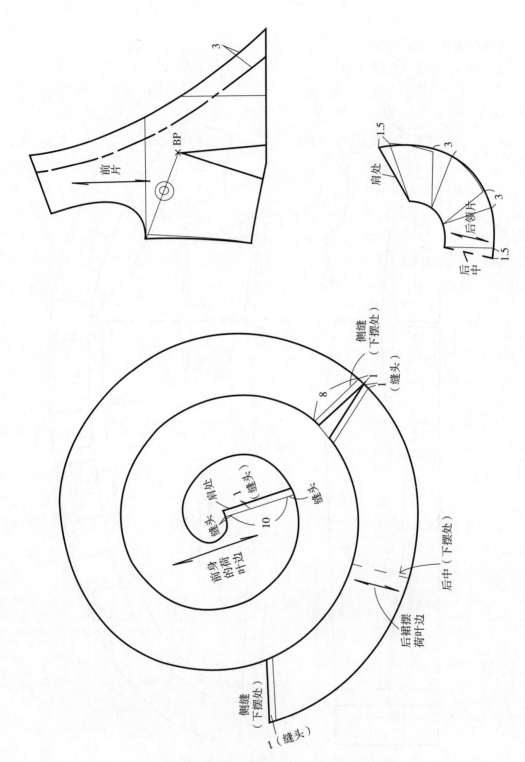

图8-33　荷叶边喇叭袖腰部拼接型连衣裙的结构设计2

①后衣片：与原型的后衣片接近，保留后肩胛省，刚好可以被荷叶领所覆盖。

②前衣片：前后侧缝的差值作为前胸省量，然后将腋下的胸省转移到前腰省中，其最后的完成图与前衣片原型接近，注意此款有双门襟，门襟宽度在前中线以外追加11cm。

③前后裙片：由于本款是接腰型的连衣裙，所以裙子的样板结构是单独设计的，但为了与衣片配合，还是直接画在前后衣片的下方。同样为了与上衣的省道配合，前后片裙子的省道也只选择一个，且省道的位置一定要对齐上衣的省道位置。裙子的下摆根据款式造型要求在前后侧缝处收小2.5cm。

④荷叶领：首先根据款式特征开大前后横开领以及开深前后直开领，此款连衣裙的前领深在腰节线上。画出前后领口线，在此基础上画出领片。由于连衣裙是荷叶边领子，没有任何领座，领片之间在前后衣片上设计最方便。根据款式特点在衣片上画出领片的轮廓线然后将领片对称到衣片的右侧，并与裙身止口和下摆的荷叶边一起画顺，形成一个完整的样板，但这个样板没有荷叶边造型的波浪褶量，需要切展这个样板得到波浪褶量，可以想象这样的切展工作很繁琐，因此介绍操作比较简单同时也很省料荷叶边的结构设计方法，就是直接利用螺旋形状的样板得到需要的荷叶边领子，需要注意的是荷叶领的长度取决于连衣裙止口的长度，即需要缝合的长度应该相等。另外这样的裁片同时要考虑缝合时的缝头。最后得到前片荷叶边、后裙摆荷叶边样板的完成图。后领片的荷叶边依然采用切展的方法得到。

⑤止口贴边：前后领口、前裙片的门襟以及后裙片的下摆最好都做贴边，如果想简略一些，那么裙子的贴边部分可以省略。

（2）袖片

按照款式要求和设计的尺寸绘制袖片的母板，然后各自四等分母板的前袖肥线和后袖肥

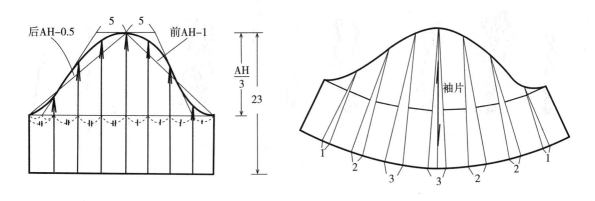

图8-34　荷叶边喇叭袖腰部拼接型连衣裙的袖片结构

线，每一条等分线即切展线，在每个切口中加入图 8-34 所示的波浪褶量，以达到袖口喇叭造型。一般是袖中线部位的褶量多一些，靠近侧缝的部位慢慢减少，最后重新修顺得到袖片的完成样板。

思考题：

1. 什么是连衣裙？简述连衣裙的历史发展及变化。

2. 连衣裙的常见分类有几种？各种分类又是如何划分的？

3. 春夏季连衣裙面料选择与秋冬季有什么不同？简述这两种不同季节连衣裙面料选择所需要考虑的重点是什么？

4. 简述连衣裙各种不同轮廓的特点和分割线在完成这些轮廓造型中所起的作用。

5. 设计连衣裙的规格时，思考的重点是什么？

6. 掌握三种常用连衣裙轮廓（H型、X型以及A型轮廓）的胸围、腰围以及臀围的放松量设计。

7. 掌握几款典型连衣裙的样板设计方法。

8. 设计两款连衣裙，并完成样板设计。选择其中一款缝制成成衣并试穿校正样板，同时理解平面样板与服装造型之间的关系。